# 邢立达恐龙手记

## 琥·珀·篇

邢立达 著

中信出版集团 | 北京

图书在版编目（CIP）数据

邢立达恐龙手记.琥珀篇/邢立达著. --北京：
中信出版社，2020.12
ISBN 978-7-5217-2224-6

I.①邢…　II.①邢…　III.①恐龙－普及读物　IV.
①Q915.864–49

中国版本图书馆CIP数据核字（2020）第173861号


邢立达恐龙手记：琥珀篇

著　　者：邢立达
出版发行：中信出版集团股份有限公司
　　　　　（北京市朝阳区惠新东街甲4号富盛大厦2座　邮编　100029）
承 印 者：鸿博昊天科技有限公司

开　　本：787mm×1092mm　1/16　　　印　　张：16.5　　　字　　数：180千字
版　　次：2020年12月第1版　　　　　印　　次：2020年12月第1次印刷
书　　号：ISBN 978-7-5217-2224-6
定　　价：88.00元

献给所有喜欢琥珀化石

以及古生物的大朋友和小朋友们

---

注：应部分琥珀收藏人士与琥珀商人的要求，同时考虑到阅读的趣味性，本书对于部分标本的获取过程与具体的获取时间均做了故事化处理。

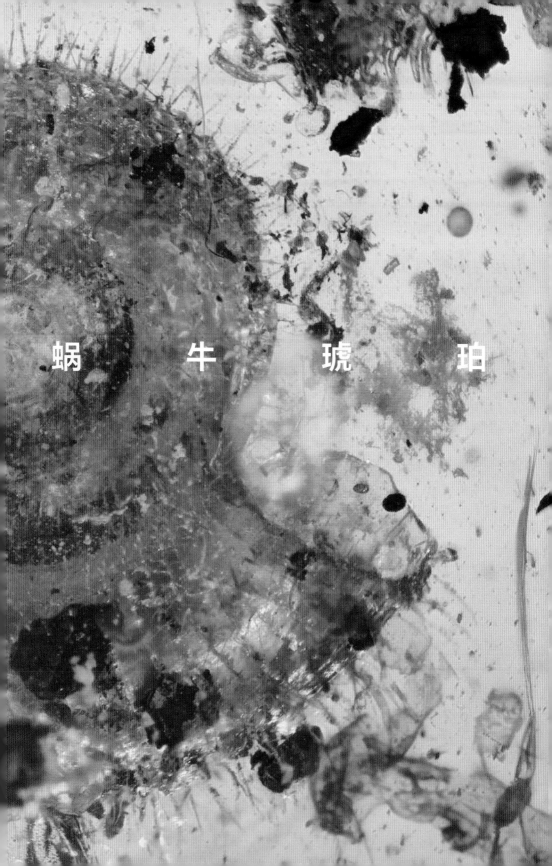

蜗　牛　琥　珀

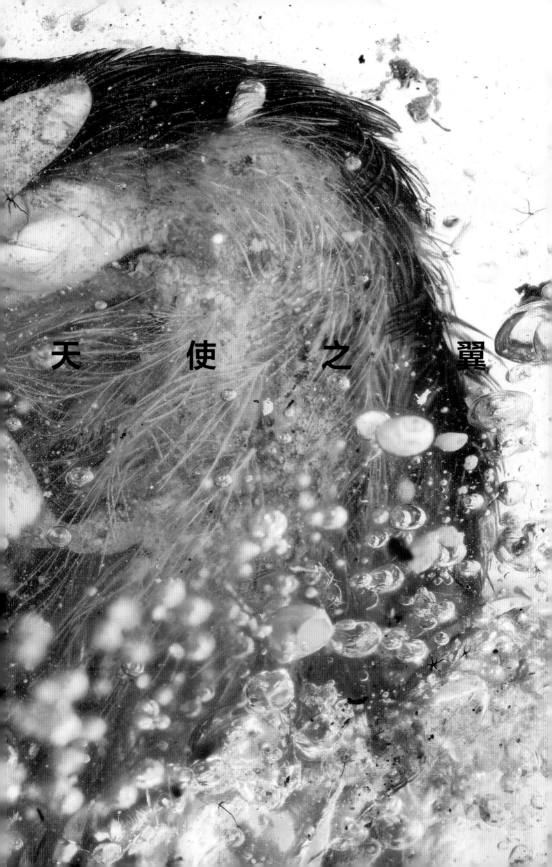

天 使 之 翼

目　录

CONTENTS

邢立达
# 恐龙手记

# 推荐序

近二十年来，琥珀，这种树脂化石的研究取得了激动人心的进展。随着《侏罗纪公园》系列电影的热播，大众对琥珀的热情日渐高涨，与此对应，琥珀的研究工作也不断取得进展。距今 1.45 亿—6 600 万年间形成的白垩纪琥珀尤其受到学界的重视。近年来，人们发现了更多的白垩纪琥珀化石点，这些化石点有大量的琥珀埋藏在地表之下，一些令人意想不到的化石发现于此。邢立达博士和我有幸在这些研究中略有贡献，同样做出贡献的还有更多其他研究人员。

白垩纪琥珀在科学研究上具有重要的意义，因为它保存了显花植物取代松柏类并占据主导地位的时期内，昆虫协同演化的各种微小细节。琥珀还保存了其他化石记录中没能保存的生物软组织，让我们得以了解当时陆地生态系统的概貌。除了不断发现新的琥珀标本或琥珀化石点，高科技给了我们分析这些样本的新手段。利用计算机层析成像技术，我们可以将生物软组织和内部结构的超常细节可视化，从而得以透过皮肤观察并还原琥珀中保存的骨骼，创建昆虫或骨骼的三维模型，这些三维信息还可以通过网络与许多研究人员分享。通过与现代树脂的比较，我们还能够分析琥珀的化学成分，找出是哪些树木产出的琥珀以及它们栖息地的状况。总之，前沿技术的发展让我们有机会获得关于琥珀和动物包裹体的更清晰的图像，也为"恐龙时代"最末期的一些有趣的科学问题打开了大门。

我与白垩纪琥珀结缘可追溯到我高中的最后两年，那时候我担任夏令营的现场向导。在夏令营的活动中，我们带学生和家长参观了艾伯塔省德兰赫勒周围的荒野，那里的岩层中夹有煤线的露头，是加拿大数量最丰富的恐龙化石点。我很惊讶地发现，这些煤线中很多都藏有少量脆弱的暗红色琥珀，这些琥珀是由形成煤泽的史前树木留下的。我们还在一些砂岩和恐龙挖掘点中见到了分散在河流相沉积中的小琥珀。当时，我对寻找恐龙更感兴趣。然而，随着我在艾伯塔大学的进一步学习与研究，我被无脊椎动物化石所吸引，并最终选择以研究昆虫化石和特殊保存为学术方向。

我在博士生阶段着重研究了一处具有7 800万年历史的琥珀化石点，它位于艾伯塔省南部一个叫草湖的地方。作为研究项目的一部分，我检视了王家蒂勒尔古生物博物馆收藏的数千个琥珀标本，以寻找微小的寄生蜂。这些小家伙让我很感兴趣，它们会用"毒刺"把卵注入其他昆虫的卵、幼虫或成虫中，而发育完全的成虫最终会杀死宿主，在某些情况下，甚至会从宿主身上爆裂出来，就像电影《异形》中演的那样。这种小蜂在今日仍然存在，但大多数人对它们视而不见，因为大多数这种蜂太小了，体长还不到2毫米。我们从草湖的琥珀沉积物中鉴定出许多新属种。我们还利用这些标本研究了白垩纪至近代蜂群的多样性及分布的变化。在寻找琥珀中的蜂时，我还非常意外地发现了一些羽毛的碎片。当我快要结束博士项目时，我和同事们已经从这处沉积中获得了大约 12 个琥珀羽毛包裹体。这已经是当时白垩纪琥珀中最具多样性和最丰富的羽毛集合。这些标本引起了公众的兴趣,因为它们看起来很像现生鸟类的羽毛,其中一些羽毛与中国辽西页岩中保存的恐龙羽毛十分接近。

我和立达相识在艾伯塔大学,他在古脊椎动物学实验室攻读学位,而我在路对面的古无脊椎动物实验室。当我们还是学生的时候,他非常好心地让我使用他的科学复原图来解释加拿大琥珀中发现的、可能属于恐龙的羽毛。事实证明,这次偶然的邂逅成为日后我们那些激动人心的科研合作的开始。几年后,邢博士在他大量的田野工作中,发现了白垩纪中期缅甸琥珀中的带羽毛的骨骼材料。他联系了我,邀请我一起研究这个具有 9 900 万年历史的标本中的羽毛,他牵头组成一个国际科学家小组来一起描述计算机层析成像技术所揭示的动物骨骼。我们一起描述的第一件样本是一件白垩纪琥珀,其中包裹的羽毛和软组织允许我们明确地将其归入某类动物。琥珀在此为古脊椎动物学展示了其惊人的保存优势,包括三维保存的微观细节、可见的原始颜色和保存下来的化学成分。随后,我们的一系列研究涵盖了越来越多的动物类群,为白垩纪生态系统研究打开了一扇新的窗口。

尽管一些琥珀大到足以保存动物的部分骨骼,但其包裹体往往是化石记录中非常罕见的小动物或动物的幼年个体。我们对缅甸琥珀的研究始于一些反鸟类(一类带牙齿的鸟类)的幼鸟的翅膀包裹体,但一只小恐龙的带羽毛的尾巴包裹体很快加入了进来。此后,我们一起进行的系列研究记录了更完整的反鸟骨骼、数百根孤立的羽毛,还有一些蛇、蜥蜴和蛙类包裹体。我们还研究了罕见的被树脂捕获的海生动物,其中软组织和色素的痕迹均保存完好。这些颇具多样性的小动物为我们重建史前森林提供了意想不到的大量信息，并且也只有琥珀才能将这些小动物的细节保存得如此之好。

　　缅甸北部是世界上白垩纪琥珀中昆虫和脊椎动物包裹体最丰富和最具多样性的地方，是全世界白垩纪琥珀研究的重要数据点。不幸的是，最近几年，这个地区的冲突对琥珀研究造成了不便。我希望和平早日到来，缅甸琥珀的科学研究进展尽快恢复到快速增长的阶段。

瑞安·麦凯勒

加拿大萨斯喀彻温省王家博物馆教授

# 第一章

## 琥珀第一课

邢立达
恐龙手记

这个故事发生在很久很久以前，约莫算来，总有一万年了。

一个夏天，太阳暖暖地照着，海在很远的地方翻腾怒吼，绿叶在树上飒飒地响。

一只小苍蝇展开柔嫩的绿翅膀，在太阳光里快乐地飞舞。后来，它嗡嗡地穿过草地，飞进树林。那里长着许多高大的松树，太阳照得火热，可以闻到一股松脂的香味。

那只小苍蝇停在一棵大松树上。它抬起腿来掸掸翅膀，拂拭那长着一对红眼睛的圆脑袋。它飞了大半天，身上已经沾满了灰尘。

忽然，有个蜘蛛慢慢地爬过来，想把那苍蝇当作一顿美餐。它小心地划动长长的腿，沿着树干向下爬，离小苍蝇越来越近了。

晌午的太阳光热辣辣地照射着整个树林。许多老松树渗出厚厚的松脂，在太阳光里闪闪地发出金黄的光彩。

蜘蛛刚扑过去，突然发生了一件可怕的事情。一大滴松脂从树上滴下来，刚好落在树干上，把苍蝇和蜘蛛一齐包在里头。

小苍蝇不能掸翅膀了，蜘蛛也不再想什么美餐了。两只小虫都淹没在老松树的黄色的泪珠里。它们前俯后仰地挣扎了一番，终于不动了。

松脂继续滴下来，盖住了原来的，最后积成一个松脂球，把两只小虫重重包裹在里面。

几十年，几百年，几千年，时间一转眼就过去了。成千上万绿翅膀的苍蝇和八只脚的蜘蛛来了又去了，谁也不会想到很久很久以前，有两只小虫被埋在一个松脂球里，挂在一棵老松树上。

后来，陆地渐渐沉下去，海水渐渐漫上来，逼近那古老的森林。有一天，水把森林淹没了。波浪不断地向树干冲刷，甚至把树连根拔起。树断绝了生机，慢慢地腐烂了，剩下的只有那些松脂球，淹没在泥沙下面。

又是几千年过去了，那些松脂球成了化石。

海风猛烈地吹，澎湃的波涛把海里的泥沙卷到岸边。

有个渔民带着儿子走过海滩。那孩子赤着脚，他踏着了沙里一块硬东西，就把它挖了出来。

"爸爸，你看！"他快活得叫起来，"这是什么？"

他爸爸接过来，仔细看了看。

"这是琥珀，孩子。"他高兴地说，"有两个小东西关在里面呢，一个苍蝇，一个蜘蛛。这是很少见的。"

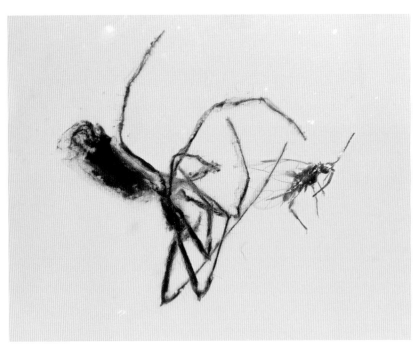

苍蝇和蜘蛛琥珀（琥珀收藏家祖尼／供图）

在那块透明的琥珀里，两个小东西仍旧好好地躺着。我们可以看见它们身上的每一根毫毛。还可以想象它们当时在黏稠的松脂里怎样挣扎，因为它们的腿的四周显出好几圈黑色的圆环。从那块琥珀，我们可以推测发生在一万年前的故事的详细情形，并且可以知道，在远古时代，世界上就已经有苍蝇和蜘蛛了。

这篇经典的课文《琥珀》，既在我的小学课本里，也在我孩子的课本里，这么多年来竟从未改变。不同的是，我上学时这篇课文是需要背诵的，我一字一句地背着，把琥珀也刻进了心里。

后来我才知道，这篇课文是根据德国作家柏吉尔《乌拉波拉故事集》中的一个故事改编的。小孩子通常对现代和近代没什么概念，但柏吉尔生活的年代距离我们其实相当远，他生于1804年，也就是中国的清嘉庆九年。那时候还没有现代意义上的德国，而只有许多大大小小的彼此独立的邦国。

柏吉尔一辈子走过了78个年头，去世时是1882年（清光绪八年）。早在那个时代，柏吉尔就运用了多种写作手法，比如想象、拟人和夸张，并以童话的笔调描述自然界的奥秘，使原本枯燥、深奥的科学知识变得生动有趣。正是这些妙趣横生的文章，潜移默化地影响了一代代人，促使他们从小立志投身科学研究，我勉强算其中之一吧。

现在，就让我以科学家的身份，试着重新解读这篇文章吧。

故事发生在"一万年"前，这个时间是错的。在树脂变成琥珀的过程中，时间是很重要的因素，虽然有些不确定，但至少也要200万年甚至是1 000万年。而柏吉尔笔下的一万年，实在是太短了。

"海在很远的地方翻腾怒吼"，这句话没什么大问题，但"很远"也不太恰当。坏天气会破坏海边的植物，让松树流下很多松脂，同时带来沉积物，也就是后文说的"淹没在泥沙下面"。

"松树""一大滴松脂""把苍蝇和蜘蛛一齐包在里头"，这些表述都是正确的，是标准的树脂包裹流程。"挣扎了一番"是后期能在琥珀中看到动物扰动痕迹的关键，而如果松脂包裹的是已经死去的动物则不会有这种痕迹。"松脂继续滴下来"，是在紫光灯下能看到琥珀流纹的关键。

文末，"渔民带着儿子走过海滩"忠实地反映了，在波罗的海地区大风过后常有渔民或猎珀人去捞捡琥珀的场景。

"从那块琥珀，我们可以推测发生在一万年前的故事的详细情形"，这是古生物学家的工作，琥珀因此成为研究物种演化的绝佳对象。

这篇不到 1 000 字的文章，能把从树脂到琥珀、从昆虫到昆虫包裹体的过程说得清清楚楚，并且富有科学性和充满阅读快感，实在是绝佳的科学启蒙故事。

从科学角度看，所有的琥珀故事都是从一滴树脂开始的。我们非常熟悉的桃胶，其实也是一种树脂。树脂并不简单，它们是植物体分泌的一种复杂且多样化的混合物，主要成分为可溶于脂的挥发性或非挥发性类萜化合物，以及酚的次生化合物。它们常分泌于植物体表面或内部的特殊结构中，有时也形成于植物体的创伤处。在空气中树脂很容易变成硬而脆的无定型固体或半固体，通常是透明或半透明的，颜色从淡黄色到褐色不一。树脂中的化合物可能具有不同的生态功能，包括封闭与保护伤口、防御昆虫与食草动物等，渗出的树脂可以迅速堵上真菌或昆虫入侵造成的伤口。

植物树脂大致可分为两类，即类萜树脂和酚类树脂，大多数琥珀都是由前者形成的。类萜树脂广泛分布于现代松柏类和被子植物中，而酚

自然状态下的树脂（模型）（邢立达 / 摄影）

类树脂仅出现在被子植物中。树脂中的挥发性成分带来了芳香，这也是很多琥珀产区的珀农（从事琥珀相关产业的农民）习惯摩擦琥珀并闻一闻的科学依据。

树脂的化石化过程（琥珀化或成熟化）可分为两个阶段：第一阶段是从天然树脂转化为柯巴树脂，植物分泌的树脂接触空气与光后发生聚合作用，形成具有多环结构的柯巴树脂，这个过程可能比较短暂，也可能长达几千年乃至几百万年。柯巴树脂在森林还存在的时候便开始沉积，在森林消失后则全部被掩埋。柯巴树脂含有大量的萜烯类挥发性成分，因此在第二阶段，这些挥发性成分经过几百万年乃至上千万年的蒸发作用，在地层中接受压力和温度的试炼，经历了化学和物理变化，进一步失去萜烯，实现了化石化，最终成为琥珀。

如下图所示，琥珀的形成过程是：（A）陆地上、水里或地下的昆虫被黏糊糊的树脂捕获；（B）树脂可能积聚在树木内部、树皮下方或内部的裂缝中；（C）当树脂足够多时，就会溢出、滴落和流动，其间可能粘捕到昆虫或其他生物，暴露在地面上的树脂会慢慢挥发；（D）树脂也会在地下沉积，它们产生于树根和树的空心部分，并在树根周围大量堆积；（E）在大多数情况下，我们很难知道树脂是和产生它的树一起沉积，还是单独沉积的；（F）树脂直接在树上或土壤中被侵蚀后进入水中；（G）一开始，树脂的沉积通常与富含有机物（比如生物遗骸）的沉积物有关；（H）树脂的成岩过程始于它被埋藏的那一刻，不过，树脂中的昆虫还存在前成岩过程，这很难与树脂的成岩作用分开；（I）琥珀通常要经历再沉积，同区域琥珀的沉积时间一致。

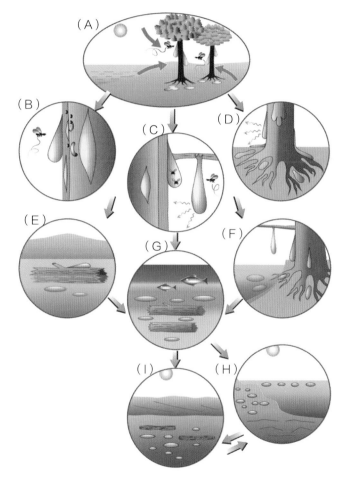

琥珀的形成过程

（图片由哈维尔马丁内斯－德尔克洛斯绘制，改编自塞伊富拉等，2018）

目前有确凿的证据表明，世界最古老的琥珀是 2009 年由古生物学家萨金特·布雷和肯恩·安德森在美国中西部伊利诺伊州发现的，它可以追溯到距今约 3.2 亿年的晚石炭世。更神奇的是，从该琥珀中可以观察到只有被子植物树脂中才有的分子结构。当然，晚石炭世并没有被子植物，这些古老的树脂来自某种裸子植物，与被子植物树脂相似的分子结构表明了一种分子水平的趋同演化。

# 人鱼的眼泪与
# 琥珀之路

邢立达
恐龙手记

在我们撒开脚丫子追寻琥珀之前，一定要先说说琥珀背后的故事。看完这一章，我们就可以了解为什么琥珀在西方文化中有着如此特殊的地位了。

如果要给西方的琥珀找一个参照物，那只能是东方的玉石。从和氏璧到"一刀穷一刀富"的赌石，关于玉石的故事多如天上繁星，琥珀亦如此。让我们整理出一条粗略的时间线，看看从史前到野蛮人时代再到近代，琥珀在西方文明中到底扮演着什么角色。

在距今约4 700万—4 000万年前，地球正值始新世（古近纪的第二个时期，大约开始于5 600万年前，终于3 400万年前，介于古新世与渐新世之间）早期，这是一个空前温暖的时代，就连北欧的气候都堪比今天的亚热带。此时，波罗的海地区覆盖着茂盛的原始森林，树种多为松柏类，比如猴谜树或金松。

猴谜树这个名字特别有意思，也被人们叫作"猴见愁树"，意指这种树刺刺的，猴子见了都不想爬。它的学名是智利南洋杉（*Araucaria araucana*），属于杉科，是南洋杉中特别耐寒的一种，原产于智利中部和阿根廷中西部，树高可达40米，树干直径可达2米，而且寿命极长，能达到1 300年以上。金松（*Sciadopitys verticillata*）虽然名字里有"松"字，却不属于松科，而是与猴谜树同属杉科。如今金松只剩下一属一种，原产于日本，在中国部分地区也有栽培。

那时在波罗的海地区，这些如今被称为"活化石"的孑遗植物（也叫活化石植物，指在过去某一地质历史时期非常繁盛，但现在只有个别种类孤独地生存于个别地区的植物）郁郁葱葱，分布广泛。波罗的海地区的杉树由于虫蛀等原因出现的伤口不断淌出黏稠的液态树脂，而且产量丰富，以至于这片杉树林被后世称为"琥珀森林"。此后，这个地方

4 000万年前波罗的海地区的琥珀森林（波兰格但斯克大学琥珀博物馆壁画）

经历了4 000万年的沧海桑田，演变成寒冷的浅海。

在海浪的拍打下，埋藏在海底的低密度有机化石不断被推上海岸。这些化石的分布范围很广，主要集中在今天的俄罗斯加里宁格勒州、波兰北部和乌克兰境内，在白俄罗斯、法国、德国等也有零星分布。

当时，生活在海边的人最早发现了这些闪着金黄色光芒的奇怪小物件。考古学家探明，早在一万年前的新石器时代，古人就已将其视为珍贵的宝石。古老的琥珀制品在英国威尔士的戈夫洞和德比郡克里斯威尔峭壁的罗宾汉洞穴均有发现，虽然只是些粗糙的琥珀珠，但其制作年代可以追溯到公元前11000年—前9000年的新石器时代，而原材料则是漂到不列颠东海岸的波罗的海琥珀。

古人淳朴又浪漫，大海送来的金黄色物品自然也被认为形成于海洋。北欧神话中关于琥珀的由来有多个版本。比如，爱与美的女神芙蕾雅因为找不到丈夫奥丁而哭泣，她的眼泪滴落在岩石上变成了黄金，这些黄金在进入大海后又变成了琥珀；或者，琥珀是海神的女儿美人鱼在大海中日夜思念陆地上的王子所流下的眼泪凝结而成的。不同版本的安

波罗的海区域的居民用来捞琥珀的网兜（邢立达 / 摄影）

从波罗的海海滨搜集到的琥珀原石（邢立达 / 摄影）

徒生童话《美人鱼》中都记载了人鱼公主的这段遭遇。

这些"人鱼的眼泪"——波罗的海的高品质琥珀——的确令人难忘。人们在采集琥珀之后需要对其进行简单的处理，一般会先去掉表面的皮壳，再进行抛光，这样就可以得到色泽水润自然、质地温润均匀的物件，它们像金子一样金光闪烁，又像水晶一样透明，在阳光下显现出艳丽多变的颜色。更奇妙的是，和冰冷的黄金不同，琥珀的导热率很低，握在手里出奇地温暖。那时还没有塑料，所以琥珀的这种品质显得尤为特别，令人啧啧称奇。

值得一提的是，千变万化的色彩是波罗的海琥珀的最大特点，这是由各种各样的内部结构、内含物和风化程度形成的。在民间名称辞典里，我们能找出大概100个描述琥珀的词汇，包括透明、半透明。还有黄、红、棕、米、白等多种色调的不透光琥珀。有些琥珀甚至泛着蓝绿色彩，形成了独特的马赛克效果。

这些以金黄色为主的"人鱼的眼泪"，从发现之初就被赋予了神秘的力量。古代的北欧人认为琥珀是神的眼泪、大洋的黄金或阳光的精华，可以驱除阴冷和俗世中的邪恶，所以把它们制成护身符、扣子和挂珠等随身携带。更多的琥珀则被捡拾并收集起来，成为产地居民换取生活用品的商品。

琥珀流传到异域之后，又催生了形形色色的传说。古阿拉伯人将琥珀唤作"amber"，意为"海上的漂流物"。但要注意的是，海上漂流物指的不仅仅是琥珀，在过去的很长时间里，龙涎香之类的东西也可以叫作"amber"。

古希腊人称琥珀为"electrum"，意为"放射的阳光或阳光的光芒"。在古希腊神话中，太阳神赫利俄斯之子法厄同恣意地驾驶着父亲的太阳

用色彩千变万化的波罗的海琥珀做成的琥珀果盘，现藏于格但斯克琥珀博物馆（邢立达／摄影）

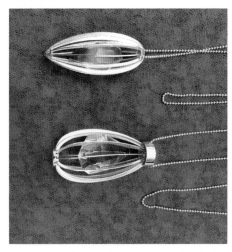

用波罗的海琥珀做成的琥珀吊坠（邢立达／摄影）

用波罗的海琥珀做成的"老蜜蜡"挂坠（邢立达／摄影）

波罗的海琥珀中的蜥蜴包裹体（邢立达 / 摄影）

车在天空中驰骋，搅得天翻地覆。宙斯为了保护众生，不得不将雷电射向法厄同，法厄同被击中并坠入波江而死。而琥珀就是法厄同的姐妹们赫利阿得斯（太阳神女儿的总称）为他哀悼而掉到河里的眼泪。

这些金灿灿的宝贝不断传入世界各地，在此过程中，古埃及人和古罗马先后对其产生了极其浓厚的兴趣。

古埃及人堪称伟大，从约公元前26世纪开始，他们就在尼罗河沿岸建造雄伟的金字塔。在古代的很长一段时间里，埃及一直是世界上最强盛的帝国之一，法老们也引领着大半个地球的时尚潮流。

我曾在2009年到访埃及，在埃及国家博物馆见到了大量的法老物品，以法老图坦卡蒙为代表，他的那些极尽奢华的珠宝有一个共同之处，就是大量地使用琥珀。其中最典型的是法老们钟爱的"圣甲虫"。古埃及人观察到蜣螂在粪球里孕育出新生命，由此认为这其中隐含着轮回与涅槃的意义。圣甲虫饰品多种多样，比较常见的是用青金石雕刻出虫身，双翅用密密麻麻的青金石、绿松石和玛瑙镶嵌，头上顶着一颗大红色琥珀，象征圣甲虫正在推动太阳升起。当时确实没有其他矿物比琥珀更胜任这个角色了，琥珀几乎成了太阳神凯布利的专属石，被崇拜太阳神的古埃及人奉为至宝。

在古埃及人之后，接过世界文明接力棒的古希腊人、古罗马人也对琥珀产生了旺盛的需求。尽管他们不崇拜太阳神，但美好的辟邪寓意、极低的产量、质地柔软便于雕刻以及品质上乘等特点，使琥珀很快就成了奢侈品。早在2 500年前，雅典人就把琥珀作为礼物送给心爱的人。据说，今叙利亚的古邦国女王也把这种珍贵的石头作为首饰。

此外还有一点很重要，即琥珀不仅是奢侈品，一些低品质的琥珀还可被用作香料和药物。希波克拉底在公元前5世纪—前4世纪首次记录和说明了琥珀的益处：当有人用掌心焐着或加热琥珀，它们就会散发出一种令人愉快的气味，从而起到药物治疗的作用。古罗马人也觉得琥珀点燃后发出的气味和臭烘烘的松香完全是两码事，前者就像名贵的麝香或龙涎香般芬芳迷人。更神奇的是，古罗马人发现用琥珀在羊毛上摩擦可吸起灰尘和碎屑，因此认为琥珀能从人体内吸走疾病和邪祟，便将琥珀做成护身符随身佩戴，更有人将琥珀磨成粉直接吃下去。直到今天，在不少欧洲人的心目中，琥珀仍然是散瘀止血、镇静安神的良药。

埃及的法老、古罗马的皇帝都想要更多的高品质琥珀，于是富有的法老向蛮荒之地的商人重金求购琥珀。离埃及最近的琥珀产地在1 700千米外的西西里，更高质量的琥珀则来自4 000千米外的波罗的海。然而，在暴利面前，即使如此遥远的距离也变得不值一提。埃及人对琥珀的旺盛需求和极高的利润诱使商人们专程前往波罗的海沿岸收购琥珀。

他们先翻越中欧的崇山峻岭，再经亚得里亚海航运将其送抵埃及，换来等重的黄金。

古罗马人似乎更直接一些。60年，罗马皇帝尼禄专门派人出海考察琥珀的来源，这次航行在古代历史上具有非常重要的意义，它将北欧和地中海地区联系在了一起。贵族对琥珀的喜好和大量需求，促使地中海商人争先恐后地奔赴波罗的海地区，购买琥珀然后带回罗马卖给贵族，换取等重的黄金。颜色绚丽或品质极高的琥珀尤其受贵族欢迎，他们为了得到这些宝物，不仅要付给商人与琥珀等重的黄金，有时还要加上一个健康的奴隶。极高的利润让早期的琥珀商人赚得盆满钵满，那么，贵族觉得贵吗？完全不！古罗马的老普林尼嘲笑过北欧的野蛮人，认为他们对这些天赐的既能欣赏又能治病的宝物一无所知，简直是在暴殄天物。

历史总是惊人的相似。几千年前，中国人用桑叶养蚕缫丝，织成丝绸，由此开辟了从东方到西方的"丝绸之路"；欧洲人则用几千万年前由树脂和昆虫形成的琥珀，开辟出了一条"琥珀之路"。

你可能会觉得，埃及人千里迢迢去北欧重金购买琥珀尚可理解，古罗马与后来的法国、英国本就地处欧洲，从西边去东边买琥珀，怎么价格也会涨那么多？这要从欧洲的政治和地理环境方面来解释，由于位于欧洲中部的阿尔卑斯山的阻隔，北欧与地中海沿岸国家之间的商路并不通畅。从公元前200年左右开始，在琥珀的巨大利益的驱动下，精明的地中海商人想尽办法去波罗的海地区购买琥珀。贵重的货物当然需要走最安全的运输路线，但由于战争和城镇的兴衰，琥珀之路多次发生变化，但依赖天然的河流始终是最天然和最理想的选择，沿岸越来越多的驿站为琥珀商人提供了安全的住宿条件。

也就是说，琥珀之路是由水路和陆路结合而成的通商道路，从欧洲北部的北海、波罗的海通往欧洲南部的地中海，之后向南到达埃及，向东连接了亚洲的波斯、印度和中国。除了运往埃及成为法老的墓葬品，琥珀还作为进贡品从北海运往位于希腊德尔菲的阿波罗神庙，从黑海经丝绸之路运往亚洲，中国等国家的历代文物中都不乏来自欧洲的"人鱼的眼泪"。欧洲人向非洲和远东各国输出包括琥珀原石与工艺品在内的"大自然的礼物"，换回的是真金白银，还有当时的先进技术。

琥珀之路对于欧洲人的意义并不亚于丝绸之路之于中国人，它促使了欧洲大陆从北向南的贯通，增进了欧洲和亚洲之间的商贸往来。更重要的是，这条贸易通道途经丹麦北部的日德兰半岛、波罗的海、地中海，并拓展到亚洲，连接起欧洲的各个重要城市，并持续了数个世纪。只要搭上这一贸易通道，沿途城市的发展水平就明显高出一截儿，这对欧洲的文明发展起到了巨大的推动作用。

琥珀之路还联通了文明和蛮荒。考古学家发现，琥珀之路远不止一条。最短也是最古老的一条琥珀之路始于波罗的海沿岸国家爱沙尼亚的海岸线，经波兰、捷克东部的摩拉维亚，绕过阿尔卑斯山，由摩拉瓦河到达奥地利，在维也纳东面约26千米的卡农图姆跨过多瑙河，向南一直延伸到古罗马的阿奎莱亚。德国在古代有多条琥珀之路都始于北海或波罗的海，其中一条重要的路线是从汉堡到布伦纳山口，然后一路向南到达意大利东南部的布林迪西和希腊的安布拉基亚。

琥珀之路还有一个棒极了的花絮。上文说过，希腊人将琥珀称作"electrum"，意为"放射的阳光或阳光的光芒"。16世纪，英国女王的御医威廉·吉尔伯特发现，摩擦琥珀可以吸住羽毛、线头等小东西，还会放出火花，但它不同于磁力作用。他后来在《论磁石》中区分了静电

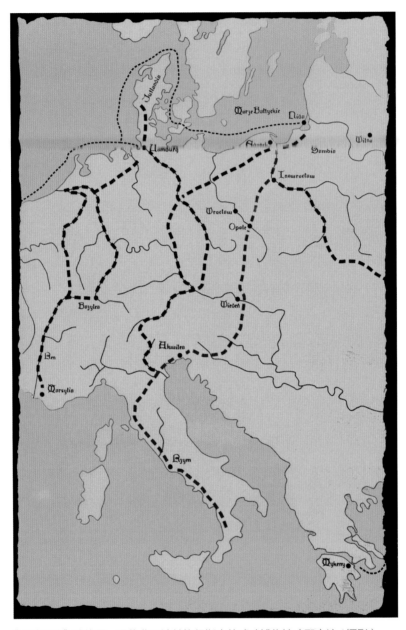

"琥珀之路"路线图，现收藏于波兰格但斯克的琥珀博物馆（邢立达／摄影）

波罗的海地区加工琥珀的小作坊（邢立达 / 摄影）

通过琥珀之路交易
的古老的圣母像
（邢立达 / 摄影）

左右两张均为通过琥珀之路交易的古老的琥珀挂坠（邢立达 / 摄影）

和磁力，并根据拉丁化的希腊语创造了"电"的英文单词"electricus"，字面意思就是"像琥珀一样的"，用它表示琥珀经过摩擦后具有的性质。他认为摩擦后的琥珀带有电荷，也就是今天大家耳熟能详的摩擦起电效应。

说到这里，你可能会好奇，经过几千年的开采，波罗的海还有琥珀吗？请放心，今天波罗的海地区仍然是世界上三大足以支撑商业化运作的琥珀产地之一，波罗的海的海床下仍然蕴藏着大量的优质琥珀。2014年，俄罗斯技术国家集团旗下的加里宁格勒琥珀联合工厂股份公司开采了250吨琥珀，2015年更是开采了400吨。考虑到琥珀的轻盈，如此多吨琥珀的体积足够惊人。这些来自4 000万年前的馈赠将继续见证人类文明的未来，催生出更多传奇的故事。

**第三章**

虎目精魄的
前世今生

中国古代关于琥珀的记载有很多，考古发现的最早琥珀制品可能是来自三星堆遗址（公元前2800—前800年）的一枚心形坠饰，一面是阴刻蝉背纹，一面是腹纹。在很长一段时间里，中国古代的工匠总是将来自波罗的海或缅甸的琥珀视为一种特殊的玉石。那时的人们对琥珀的由来做了诸多推断，有人认为它们是由松树汁液形成的，有人认为它们来自海边，还有人认为它们是老虎的精魄，各种说法林林总总，热闹得很。

关于琥珀的最古老记载可以追溯到先秦古籍《山海经》："南山经之首曰䧿山。其首曰招摇之山，临于西海之上……丽麂之水出焉，而西流注于海，其中多育沛，佩之无瘕疾。"育沛就是琥珀，近代地质学家章鸿钊在《石雅·珍异》中解释道："窃谓育沛即琥珀也。育沛与琥珀音相近。"

"琥珀"一词首次出现在历史文献中，则要追溯到西汉陆贾的《新语·道基》："……琥珀珊瑚，翠羽珠玉，山生水藏，择地而居，洁清明朗，润泽而濡……"汉代的出土文物中已有大量的琥珀制品，并且以饰品为主，比如佩、印等。2020年3月，中国学者罗武干和陈典等人对南阳市体育中心游泳馆汉画像石墓M18的琥珀制品进行了产地鉴别，证明其原料来自缅甸，可能是经云南输入中原地区的。这是非常重要的研究成果，指明了汉朝琥珀制品的来源之一。

明代李时珍在《本草纲目》中记载："琥珀率产海岸，而育沛亦见于丽（麂）注海之处，其产状又同，是育沛即琥珀无疑。"这明确指出了琥珀的来源，"产海岸"的琥珀很可能来自波罗的海地区。

在中国古代，有一段时间琥珀与老虎的关系相当扑朔迷离。唐代段成式的志怪笔记《酉阳杂俎》就记述了这样一则诡异的故事：

荆州陟屺寺僧那照善射，每言光长而摇者鹿，帖地而明灭者兔，低而不动者虎。又言，夜格虎时，必见三虎并来，挟者虎威，当刺其中者。虎死威乃入地，得之可却百邪。虎初死，记其头所藉处，候月黑夜掘之，欲掘时必有虎来吼掷前后，不足畏，此虎之鬼也。深二尺，当得物如虎珀，盖虎目光沦入地所为也。

这个故事说的是荆州陟屺寺有一位僧人名叫那照，擅长射箭打猎，久而久之就总结出一些心得：如果是晚上打猎，在山上看到远处有光，光影很长而且会摇来摇去，就是鹿；如果光影贴在地面上，若隐若现，就是兔；如果光影低且稳，就是老虎。如果你选择在夜间与老虎格斗，那可要当心。由于老虎的速度非常迅猛，眼花缭乱之间你会看到有三只老虎扑过来，这时你要用力刺杀中间那只，那才是老虎的真身，其余的则是它的影子。老虎死后，它的"虎威"（形状如"乙"字，长一寸）会沉入地里，将其挖出后佩戴在身上，可辟百邪。另外，老虎死时脑袋往往伏在地面上，眼睛冲下，你一定要记住那个地方，等月亮被云彩遮住之后再来挖掘。你会在两尺深的地里挖出一块状如琥珀的黄玉石，它是老虎目光凝结的产物。北宋黄休复的《茅亭客话》中也有类似的记载，即老虎死后，其虎目的精魄会沉入地下化作宝石，成为琥珀。

不过，也有古人把事情看得更为通透。西晋博物学家张华著有《博物志》，其卷四中记录了一些药物知识，比如，"松柏脂入地，千年化为茯苓，茯苓化为虎魄"。这里的茯苓是一种真菌，属于拟层孔菌科，往往寄生在松树的根上，样子像甘薯，是传统中药材；而虎魄则是琥珀。唐代田园派诗人韦应物写有《咏琥珀》一诗："曾为老茯神，本是寒松液。蚊蚋落其中，千年犹可觌。"这首诗描写的是虫珀，也把琥珀的成

琥珀篇

因描述得非常科学，是每位中国琥珀研究学者都津津乐道的一首诗。

唐代樊绰所著的记载南诏史事的《蛮书》提到了缅甸琥珀："琥珀，永昌城界西去十八日程琥珀山掘之，去松林甚远。片块大重二十余斤。贞元十年（794年），南诏蒙异牟寻进献一块，大者重二十六斤，当日以为罕有也。"这段记载虽然只有几十字，但精确地记载了缅甸琥珀矿区的位置，永昌郡设立于东汉，位于今天的保山腾冲一带，"西去十八日程"正好可以抵达今天的缅甸北部胡康河谷一带。

《徐霞客游记》中还记载了市场上销售缅甸琥珀和翡翠的情形："……遇刘陶石及沙坪徐孝廉，知吕郎已先往马场，遂与同出。已遇吕，知买马未就。既而辞吕，观永昌贾人宝石、琥珀及翠生石诸物，亦无佳者。……二十五日晓霁。崔君来候余餐，与之同入市，买琥珀绿虫。又有顾生者，崔之友也，导往碾玉者家，欲碾翠生石印池杯，不遇，期明晨至。"

值得一提的是，中国人在汉代前后就对琥珀的物理特性有了较深的认识。比如，王充《论衡·乱龙》所记载的"顿牟掇芥"，其中"顿牟"指琥珀（也有人认为指玳瑁）；在《周易正义》中也有"琥珀拾芥"的记载。从这些记载可知，汉代人已经知道琥珀有静电效应。

虽然古人记载的琥珀不一定都来自缅甸，但其中肯定有缅甸琥珀。记述东汉历史的《后汉书·南蛮西南夷列传》中有这样的记载："永平十二年（69年），哀牢王柳貌遣子率种人内属……显宗以其地置哀牢、博南二县，割益州郡西部都尉所领六县，合为永昌郡。始通博南山，度兰仓水，行者苦之。……出铜、铁、铅、锡、金、银、光珠、虎魄、水精……孔雀、翡翠、犀、象、猩猩、貘兽……"哀牢国是云南西部的一个古国，存在时间大约为公元前3世纪至公元76年。自东汉起，这些西南的藩属国开始向中原政权进贡包括琥珀在内的珍宝。汉人获得这些琥珀之后，对其进行加工，用不完的还会输出他国。因为这些琥珀都来自中国，以至于欧洲人在很长一段时间里都把缅甸琥珀当作中国出产的琥珀，并称之为"中国琥珀"。

缅甸琥珀进入中国后，不仅从南往北进入中原，部分还会出口到西方。天主教耶稣会传教士谢务禄（又名曾德昭，葡萄牙人）于明万历四十一年（1613年）来到中国，著有一系列书籍，介绍明代中国的繁华。他在1643年的一篇文稿中提到了缅甸琥珀，从而成为第一个描述缅甸琥珀的西方人。谢务禄写道，中国人将这些缅甸琥珀加工成珠子，输出到欧洲给祈祷者用，此外，还有一些琥珀用于治疗鼻炎和咽喉炎。

在明朝及之前的数千年时间里，中原政权及其藩属国几乎垄断了缅甸琥珀的贸易与加工，赚取了高额利润。欧洲人知道后十分眼红。1627年，荷兰东印度公司在缅甸设立分公司，建立了商业中心，缅甸琥珀的历史从此走上了另一条道路，与欧洲殖民者的扩张史息息相关。

英国人早就野心勃勃地计划开辟一条从英控印度到中国的贸易路线，他们尝试寻找一条能从自己的控制区到达缅甸北部的路线。1835年，汉内船长率队整装出发，并得到当地政权的许可，访问了缅甸琥珀矿区。但当地政权对汉内的信任也仅仅到此为止，不允许他做更多的探索。虽然汉内没有获得什么商业机会，但他向外人讲述了缅甸琥珀的故事，激励了更多的后续冒险者。

转机来了，1885年的英缅战争为缅甸琥珀的北上之路画上了休止符。缅甸贡榜王朝灭亡，整个国家被并入英属印度。1892年，德国探险家弗里茨·诺特林来到缅甸北部的迈昆，对那里琥珀矿区进行了更细致的考察。这一次，他还和当地的克钦人有了互动。

在诺特林的记录中，克钦的矿工出于好奇，借用了诺特林一行人的剑修整他们的锄头和铲子。矿工们下到矿坑里挖土,在此过程中他们将竹篮系在弯曲的藤绳上,从而把挖出来的渣土提到坑外然后倒掉。诺特林注意到,这里出产的最大琥珀有人头那么大,很多原矿(未经选矿或其他加工过程的矿石)都是圆的或者扁的,就像海滩上的鹅卵石一样,这说明琥珀在搬运过程中受到了磨蚀,属于二次埋藏。此外,他还推断这些琥珀可能源于中新世(距今约2 300万—500万年)。后来,诺特林把一些迈昆琥珀样品交给了他的朋友、格但斯克的药剂师奥托·赫尔姆。赫尔姆仔细研究了这些缅甸琥珀,他指出缅甸琥珀不同于欧洲人熟悉的波罗的海琥珀,前者的韧性更强,也更硬一些,莫氏硬度[①]为

2013年,缅北矿区出产的一块大琥珀(陈光/供图)

---

① 表示矿物硬度的一种标准,1822年由德国矿物学家腓特烈·摩斯首先提出。——编者注

2.5~3.0，大约是波罗的海琥珀（莫氏硬度为2.0~3.0）的1.2倍，并在1894年将其命名为缅甸硬琥珀（Burmite）。

英缅战争的结果是英国获胜，英国由此如愿以偿地垄断了大部分的缅甸琥珀开采。印度地质调查局的记录显示，1898—1940年，缅北矿区共出产了83吨缅甸琥珀原料，年均产量为1.95吨，1906年的产量最大（11吨），最大的一块琥珀重达15十克，现藏于伦敦自然史博物馆。

1917年，美国昆虫学者西奥多·科克雷尔（1866—1948）率先研究了缅北琥珀包裹体，并描述了数量众多的昆虫。1922年根据这些昆虫的形态他判断缅甸琥珀形成的时代不晚于始新世中期。

1939年第二次世界大战爆发，琥珀产量的记录因此中断。在"二战"及之后的漫长动荡时期，缅北琥珀矿区一直处于关闭状态。20世纪90年代后期，克钦少数民族地方武装和缅甸政府达成和平协议，矿区才得以重新开放。但一开始只有西方国家的公司可以进入矿区，为首的是来自加拿大西南部卡尔加里市的李华德公司。它是一家创建于1983年的小型矿业公司，在加拿大和缅甸等地主要从事钻石、黄金等的勘探业务，目前拥有几个稀有金属矿。公司总裁吉姆·戴维斯在美国圣路易斯大学获得地质学硕士学位，是一位地质学家，也是加拿大地质协会的会员。

1996年，李华德公司获得了缅甸的两项许可，其中包括在缅甸北部的克钦邦勘探铂金和黄金。在缅北勘探时，该公司聘请了地质专家道格·克鲁克尚克、缅甸仰光大学地质学家柯柯（U Ko Ko），以及一些来自缅甸地质勘查与矿业勘探局的地质专家作为顾问。遗憾的是，直到1999年，李华德公司都没有勘探到任何有开采价值的贵重金属矿藏。

然而，塞翁失马焉知非福。在勘探项目结束时，为李华德公司工作的一位缅甸地质专家送给克鲁克尚克一枚琥珀戒指作为纪念。克鲁克尚克回到加拿大卡尔加里市后，抱着死马当活马医的态度向老板展示了这枚金灿灿的戒指，并问道："有没有贵金属不好说，但琥珀就在那里，我们可以去勘查琥珀资源，并进军琥珀市场吗？"

戴维斯眉头一皱，他的公司在缅甸的账户上只剩下1万美元了，除了勘查琥珀之外也做不了其他事情，于是他委派克鲁克尚克和柯柯再次前往克钦邦勘探琥珀矿。

此行揭开了缅甸琥珀大发现时代的序幕。2000年，克鲁克尚克来到克钦邦的首府密支那调查市场上的琥珀，他发现琥珀量虽然不大但价格也不高，第一次便买回去20千克琥珀，并与当地一家公司签订了一份合同。这份合同规定，该公司为李华德公司开采琥珀，琥珀被运回加拿大评估后再进行结算。当时的李华德公司中根本没有人了解琥珀市场，戴维斯起初怀疑昆虫等包裹体是不是不够丰富，但显微镜给了他肯定的答案，让他悬着的心稍稍放下。接下来，他们开始评估缅甸琥珀的质量和市场销售。他们发现，缅甸琥珀虽然质量不错，也比较硬，但西方琥珀市场被波罗的海琥珀牢牢占据着，而和波罗的海琥珀打价格战几乎无利可图。最后，李华德公司只能把赌注全部押在昆虫包裹体，即虫珀的销售上。

由于戴维斯本人是地质学家，并不了解古昆虫。于是，他请来了世界著名的古昆虫学家、任职于纽约自然史博物馆的大卫·格里马尔迪。格里马尔迪的第一反应是这个公司被人骗了，肯定是有人把一批琥珀当成缅甸琥珀卖给了他们，毕竟这种事情并不少见。戴维斯说当然不是，它们是如假包换的缅甸琥珀，并取来了一批刚打磨好的样品。格里马尔迪仔细检视之后吃惊地发现，它们确实是缅甸琥珀，而且里面包裹的昆虫很可能来自白垩纪，而不是人们此前认为的始新世。而据他所知，1996年俄罗斯古昆虫学家格纳季·迪勒斯基基于缅甸琥珀包裹体中的昆虫物种，对该区琥珀形成于晚白垩世提出了质疑。如果这些真是恐龙时代的琥珀，那么它们将具有极其重大的研究价值。

格里马尔迪立即表示，这批琥珀他全包了。他要求李华德公司将收集来的所有缅甸琥珀都送给他做研究用，有昆虫包裹体的他会买下，无包裹体的则返还。戴维斯当然乐意，2000年他从缅甸进口了100千克琥珀，2001年又进口了3吨琥珀毛料。而格里马尔迪完全没料到缅甸琥珀的产量如此之大，在检视了2002年的500千克毛料之后，他表示手头的样品已经足够他研究相当长一段时间了。戴维斯此时已经理顺了原产地和相关渠道，开始拓展琥珀市场，一批珠宝商成了他的客户，一些多米尼加的琥珀卖家也加入进来，合作就这样持续了几年。

直到中国人的到来。

2005年前后，缅甸国内的战事基本平息下来，琥珀矿区因此迎来了更多的淘金者，越来越多的缅甸琥珀进入市场。李华德公司根本消化不了这么大量的琥珀，于是缅甸琥珀开始分流到仰光和中国边境市场。渐渐地，一些缅甸商人携带着新挖的琥珀来到盈江、瑞丽、腾冲等地贩卖。不过，那时候的中国珠宝商人对这些琥珀并不太感兴趣："这不就是松香吗？"

此时，一座边陲小城在这波琥珀热潮中因其历史积淀而显得与众不同。它就是腾冲，这座滇西小城距离缅甸琥珀核心区不远处的密支那只有200多千米。在历史上，腾冲曾是古西南丝绸之路上的重镇，西汉时称滇越，东汉属永昌郡，唐设羁縻州，南诏时设腾冲府，明代则为"极边第一城"。腾冲古城曾经拥有灿烂的商贸文化，那时商贾云集，缅甸玉石、琥珀都跟随着马帮进入腾冲，"琥珀牌坊玉石桥"声名鹊起。但后来由于英国人垄断了琥珀交易，腾冲的琥珀交易便凋零了。直到2005年，腾越商贸城的一家古玩店开始销售琥珀，这是近几十年来腾冲出现的第一家销售缅甸琥珀的店铺，意味着缅甸琥珀在腾冲的加工交易开始复苏。

与此同时，以"赶集"摆地摊的方式销售缅甸琥珀的12家缅甸人摊档，也出现在腾冲街头。腾冲每隔5天会有一次露天集市，当地人称之为"赶街子"。缅甸人知道后，也定期来赶集，摆摊售卖土特产、琥珀、玉石等。

不过，琥珀市场在腾冲的最初发展有些不温不火。如果你在2011年的腾冲搜寻缅甸琥珀，会发现偌大的一座翡翠之城中，琥珀商户只有零星四五家，地摊20个左右，从业人数不过几十个。但正是从这一年开始，琥珀在腾冲的发展有了转机。当时腾冲的翡翠交易受到了诸多限制，投资翡翠的热钱无处可去，善于雕刻翡翠的技师也闲得发慌。而在遥远的北方，中国的琥珀产地——辽宁抚顺琥珀矿几近枯竭，这都为缅甸琥珀交易在腾冲的兴起创造了条件。

2013年，为了发展民生，当地政府修缮了部分桥梁和道路，腾冲至密支那的公路得以贯通，至此，缅北琥珀有了更加通畅的输出渠道。2013—2014年，腾冲的琥珀市场迎来了一个小的销售高潮。当时腾冲本地商人发现摆摊卖琥珀的缅甸商人越来越多，操着外地口音的琥珀买家也逐渐增加。于是，他们坐不住了，趁热打铁也开始售卖琥珀。很快，5天一次的"赶街子"变得难以满足需求。珠宝商聚集的建华路上出现了每天一次的早晚琥珀市，商人坐在路两边的树下、路灯下，琥珀则摆在一块白色或黑色的布上。早市从早上五六点持续到午饭时间，晚市则会热闹到晚上八九点。一时间，全国各地的琥珀商都涌至腾冲拿货。缅甸人在腾冲的聚集地演变成"缅甸村"和"缅甸街"，一些老琥珀商家甚至称这两年为"琥珀年"。

然而，过快的扩张必然会导致无序发展。当时，琥珀交易集中在腾越商贸城的巷道里，来自中国各地以及缅甸的琥珀商人每天早晚在这里摆地摊。一些常来腾冲的缅甸人扎堆住在腾冲的人小宾馆里，买家也可以到宾馆找他们交易。他们通常把琥珀用报纸包成一包一包的，而且只为不熟的珀商拆一次报纸。若这一包里没有琥珀成交，他们就不会再拆第二包。这种交易场面较为混乱，丢钱、丢货、吵架都时有发生。

腾冲顺和宾馆的管理者则在这种混乱中看到了商机。为了方便交易和保证安全，他把所有房间都改成了大通铺，除了厕所，每个房间里至少装两个摄像头，以配合当地警方打击偷盗行为。顺和宾馆先是以为缅甸人提供路费、免费住宿等优惠方式把缅甸琥珀商人聚拢来，再向上楼买货的人收取门票费用。在缅甸琥珀行情火爆的时候，顺和宾馆每天都会有几千人进出，楼上楼下挤得水泄不通。后来，该宾馆干脆在楼下设了闸机，刷会员卡才可以上楼。

这种模式在腾冲迅速被其他商家复制，为缅甸琥珀商人提供类似服务的宾馆和商场越来越多，2014年前后涌现出桂玉宾馆、新星宾馆、林云缅甸琥珀城、腾密国际琥珀城、腾越商贸城琥珀街等交易场所。谁的人脉广、人缘好、口碑佳，谁就能聚拢更多的缅甸商人。缅甸商人聚集在哪里，集市便开在哪里。国内琥珀商人最初是先到宾馆买货，第二天再在集市或网络上赚一个转手的差价，有懂行的爱好者也会直接到这些地方淘货。日复一日，腾冲成了中国最大的缅甸琥珀交易市场。

到2016年，腾冲的琥珀贸易已经发生了翻天覆地的变化。除了腾冲政府的扶持之外，这与克钦少数民族地方武装和缅甸政府基本维持和平状态也有莫大的关系。据不完全统计，2016年，腾冲有琥珀城、琥珀街等从事琥珀销售的店铺近600家，雕刻作坊100多家，雕刻师傅近600人，街边摊点柜台近3 000家，常驻腾冲的缅甸商人达到1 000人以上，从业人员有1万多，保守估计年销售额超过5亿元以上。琥珀在腾冲变成了一个新兴的珠宝产业，被列入腾冲市的六大产业集群。

2011—2016年的短短5年间，腾冲的琥珀产业如同搭上了一辆快车，腾冲成为世界上最大的缅甸琥珀集散地。关于琥珀挺进腾冲的过程，就连当地商人也觉得匪夷所思，那仿佛一夕之间发生的事。缅北人见证了这个故事，目睹了中国人创造的经济奇迹，于是他们更加努力地开采缅甸琥珀，将其产量推至了历史的巅峰。

大量的琥珀产出让我们有机会发现一批又一批已经灭绝的古生物，一个真实的白垩纪世界就此打开。幸运的是，中国科学家也在2011年琥珀初潮的时候意识到，缅甸琥珀中的包裹体大有研究价值。他们凭借地理优势，很快厘清了缅甸琥珀的分布范围和年代。缅甸琥珀主要分布在缅甸北部的克钦邦胡冈谷地和中部的提林地区。前一个地区发现的琥珀包裹体数量众多，多样性高，是世界上可以支撑商业性开采的最古老的琥珀。

2012年，中国地质大学（北京）珠宝学院的施光海教授通过分析胡冈谷地琥珀层火山碎屑岩与泥岩中的锆石得出结论，此地琥珀形成于9 900万年前晚白垩世的早期。提林地区的琥珀则新一些，其凝灰岩年龄为晚白垩世的晚期，距今7 200万年。2020年，我与同事邱亮副教授研究了缅甸坎迪矿区产出的琥珀的年龄，从凝灰质岩层中得到的年龄是1.1亿年，即为早白垩世最晚期。

第四章

草山湖的曙光

邢立达

恐龙手记

关于2011年腾冲的琥珀初潮，我一无所知。因为在我的印象中，研究琥珀——特别是虫珀——是无脊椎动物专家干的事儿。当时，和大多数人一样，我对缅甸的印象只有丛林、远征军和毒品。这一年也是我在艾伯塔大学生物系学习的第二年，忙于繁重的研究生课程。

但2011年9月初发生了一件特别的事，预示着一个新的研究领域在未来有诸多的可能性。

我的导师是著名恐龙学家菲利普·柯里院士。在我从恐龙爱好者到专业科研工作者的转变过程中，最大的转折点就是去加拿大留学。小时候的我喜欢电影《侏罗纪公园》，记忆尤为深刻的是，电影开头主角面对新的工作邀约谢绝道："我不想上直升机，我这辈子只想把蒙大拿州的所有恐龙都挖出来。"片中这位古生物学家的原型就是菲利普·柯里教授，他的毕生梦想就是挖出加拿大艾伯塔省的所有恐龙。他是研究肉

作者和菲利普·柯里院士（伊娃·科佩尔曼／摄影）

食性恐龙的权威，曾担任北美古脊椎动物学会会长。我经过各种努力，终于成了他唯一的中国学生。

菲利普·柯里参与创建了位于德兰赫勒的艾伯塔王家蒂勒尔古生物博物馆，它是全球顶尖的恐龙博物馆，拥有13万件化石标本，每年游客人数多达50万。艾伯塔省北部的大草原还有一家以他的名字命名的博物馆——菲利普·柯里恐龙博物馆。这些使得菲利普教授在古生物学界享有崇高的声望。菲利普教授对中国很有感情，曾主导我国改革开放之后第一次与西方国家的联合恐龙考察——中加恐龙探险考察计划，这对中国恐龙研究事业的发展影响深远。菲利普教授对我也很好，经常邀请我去他家吃饭。他对加拿大的"国菜"烤肉颇有心得："最好吃的牛排是三分熟左右，带点儿血就最好了。"我忍不住问为什么，他笑着回答："作为一个肉食性恐龙的研究者，怎么能不吃带点儿血的牛排呢？"

2011年9月的一天，秋季学期刚刚开学，菲利普教授在上课之前兴冲冲地告诉我们："我们学校的学生在琥珀里找到了恐龙羽毛！我也是论文作者之一，这篇论文发表在《科学》杂志上，你们可以读一读。"

琥珀里面还能有恐龙羽毛？我们听了之后都觉得不可思议。这篇论文的题目是《加拿大琥珀中晚白垩世恐龙和鸟类羽毛的多样性》，作者之一是我们大学的博士生瑞安·麦凯勒，但他不是生物系的，而是地球与大气科学系的。

这批琥珀来自加拿大草山湖地区距今约7 000万年的晚白垩世地层，其煤线中富含琥珀。草山湖是艾伯塔省东南部的一个毫不起眼的小村庄，得名于附近的一个已被排干而在地图上找不到的湖——草山湖。草山湖位于克罗斯内斯特高速公路上，在这条道路的山区一侧，也就是克罗斯内斯特临口处，有5座有百余年历史的煤矿。煤矿可是琥珀出现的

草山湖野外探索现场之一（瑞安·麦凯勒 / 摄影）

草山湖野外探索现场之二（瑞安·麦凯勒 / 摄影）

重要线索。

　　虽然不是全球琥珀的三大产区（波罗的海、多米尼加—墨西哥和缅甸），但草山湖以发现多样性丰富的昆虫包裹体而闻名。

　　艾伯塔省的煤层相当丰富，一些地质学家、古生物学家和相关领域的爱好者检查过这些煤层，几乎都发现了琥珀，只是富集程度不一。草山湖便是其中一个经典的琥珀产区。

　　草山湖的琥珀有三个主要来源。古生物学家最先检视的是暴露在野外的岩层剖面，以此寻找煤层，煤层是琥珀的秘密基地。这些表面脏兮兮的煤层经过成百上千年的风化，变得更加不易分辨，很难一眼看出来。但如果你用铲子剥去表层，就会露出干净的煤层，再仔细观察，就

草山湖的野外地面暴露出来的琥珀（瑞安·麦凯勒/摄影）

有机会在其中找到闪闪发光的琥珀颗粒。

"岩壁上的琥珀真的很小，但能在黑色的煤层中发现一块蜜黄色的闪闪发光的东西是很酷的。"菲利普教授在讲课的时候，会经常陷入美好的回忆。

你可能会问，这些琥珀这么小，里面都有包裹体吗？我也问过同样的问题。菲利普教授的回答十分笃定："当然！因为虫子更小！"

另一个猎取琥珀的场所是矿区。我们可以在一些历史悠久的老煤矿区的尾矿堆中找到琥珀，但概率相当小。有时候，它只是煤中的一点点金黄色或淡红色的物质，或者是一小团比较圆滑的东西。"这个过程非常枯燥，一开始根本找不到，但经过一番搜索后，你总会找到你的第一块琥珀。之后琥珀会逐渐显现，因为你已经拥有了一双'琥珀的眼睛'。"菲利普教授总结道。

草山湖地区的大多数琥珀直径只有几毫米，2厘米直径的琥珀已经算很大的了。目前草山湖地区发现的最大琥珀约有手掌大小，属于非常惊人的尺寸了。当然，琥珀的尺寸并不是越大越好，其硬度至关重要，硬度不够的话就会容易破碎。

"你可以想象一下，好不容易找到一块大点儿的琥珀，而它却在采集的过程中'啪'地碎掉了。这真是太令人沮丧了。"菲利普教授耸耸肩，"但是，即便是易碎的劣质琥珀材料也不能放过，因为里面很可能有不错的包裹体。"

与波罗的海琥珀的情况一样，流水对这里的琥珀也很重要。草山湖地区的大小河流不断拍打着它们与煤层的交界面，劣质琥珀被击碎，而较为坚固的琥珀得以保存下来。所以，寻找琥珀的第三个办法就是沿着河流追猎。琥珀很轻，容易被水流带走，所以它们可能出现在原产地下游的任何地方。离源头越近，你发现它们的概率就越大。

作为琥珀猎人，先要找到河流与煤层的交界面。"当你的视野中出现了一大块煤块或一条黑色的悬浮煤带在水流的冲刷下聚集，这时你就要打起精神了。"菲利普教授说，"这意味着你距离源头已经很近了。"

至于采集方式，我们可以借鉴波罗的海采矿法：使用网眼直径为1/8英寸（约3毫米）到1/4英寸（约6毫米）的金属筛网来收集这些悬浮物，然后仔细地在河畔淘洗，就能找到一些细小的琥珀。你需要有一双"火眼金睛"。灼热的阳光在水面上产生的反光，混合着泥沙的流水浑浊不清，还有无数的蚊虫飞来飞去，这些都是糟糕的干扰因素。随着筛网中泥沙的减少，重量较轻的琥珀会慢慢在顶部露出端倪，它们大多只比沙砾大一点儿，在晴朗的天气或潮湿的环境中，这些淘洗干净的琥珀会发出亮晶晶的光。在找琥珀的时候你可能还会有一些额外的收获，比如小小的玛瑙，它们比较重，所以会沉底。

"除了这三个途径，古昆虫学家还有一个秘密武器。"菲利普教授停下来喝了口水，摆出了一副你猜猜看的样子。

"不就是eBay（亿贝）吗？"我头也不抬地说。

"呃……你怎么知道的？"菲利普教授看上去有些失望。

瑞安·麦凯勒的主业是昆虫学，几年间他在草山湖的煤矿附近采集到4 000多枚标本，偶然发现了11枚含有疑似羽毛包裹体的琥珀。通过形态学研究，瑞安排除了这些包裹体是哺乳动物毛发、植物或者真菌的可能性，剩下的唯一可能便是羽毛。

你可能会觉得奇怪，羽毛是怎么跑到琥珀里面去的呢？这是由于鸟类存在换羽现象，会产生大量的分散羽毛，它们随风扬起，飘浮在空中，很容易被黏糊糊的树脂捕获。在瑞安的标本中，有一片羽毛是先被困在杂乱的蜘蛛网里，然后再被树脂捕获的。通过对这些琥珀的研究可知，这些羽毛样本很有可能是随风黏附到树脂上的，或者是动物从树干附近经过时碰到了树脂，羽毛被粘了下来。

　　瑞安详细介绍了这11块羽毛包裹体，它们长2~8毫米，可分为4种不同的形态，分别代表羽毛演化史的4个不同阶段。根据形态学特征，这些标本中包括丝状羽（filament），即"纤细型单根丝状皮肤结构"，既有单生的，也有簇生的。这种羽毛在现生鸟类中已经消失不见，却存在于恐龙时代的非鸟恐龙，比如中华龙鸟（*Sinosauropteryx*）身上。这些丝状羽乍看上去有点儿像哺乳动物的汗毛，不过它们比汗毛细，并且缺少哺乳动物毛发特有的鳞状构造。

琥珀中的丝状羽（瑞安·麦凯勒/摄影）

中华龙鸟复原图（韩志信 / 绘图）

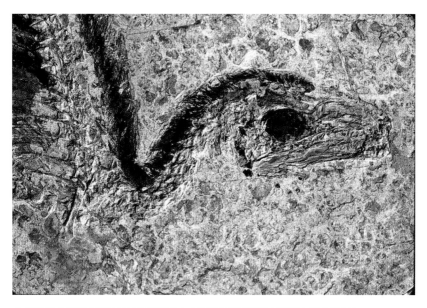

中华龙鸟化石头部及其丝状羽特写（中国地质科学院地质研究所 / 供图）

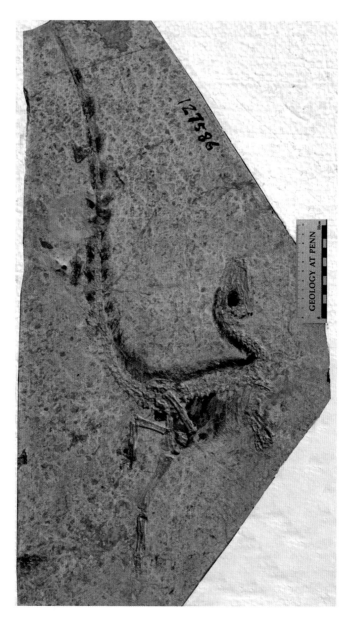

中华龙鸟化石（中国地质科学院地质研究所 / 供图）

此外，这批标本还包括适合潜水和飞翔的更高级的羽毛。其中一些非鸟恐龙的羽毛色素细胞保存得非常完整，在显微镜下可以清晰地观察到羽毛存在渐变的颜色体系，从深色到斑驳，最后逐渐变成透明。

适合潜水的羽毛也很有意思，它是一种增厚的羽轴环绕着许多有紧密盘绕基部的羽小枝结构，羽小枝上有3个或更多个完整的螺纹组成的半扁平节间。简单来说，这是一种有着大量卷曲，看上去就像螺旋开瓶器的羽小枝。这些结构可能具有两种功能：一是防水，便于恐龙在潮湿多水的环境下生存，比如潜水鸟类鹛鹋就拥有卷曲的羽毛；二是隔热或保暖，现代的籽鹬（鸻形目）和沙鸡（鸽形目）也有类似的羽毛。

这批琥珀中有不少羽毛结构都是不适合飞行的，只能起到保温作用，换句话说，它们有助于调节恐龙的体温。这些发现表明，加拿大草山湖地区晚白垩世鸟类和非鸟恐龙羽毛具有较为丰富的多样性，对我们理解脊椎动物的羽毛演化大有裨益，让我们可以一窥恐龙身上那茸茸的一层毛，是如何演变成像现代鸟类那样的强壮羽翼的。

但瑞安这次发现的关键点在于，他让我们了解到，恐龙并不是只

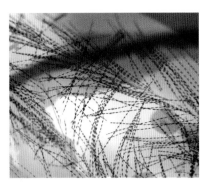

羽毛有明显的颜色模式（瑞安·麦凯勒／摄影）

一些有褐色色素的羽枝（瑞安·麦凯勒 / 摄影）

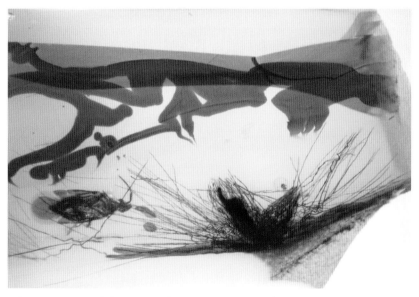

像螺旋开瓶器一样卷曲的羽小枝（瑞安·麦凯勒 / 摄影）

有传统印象中粗糙得像鳄鱼皮一样的皮肤，有很多恐龙还长有羽毛。从20世纪90年代开始，越来越多的科普图书和影视作品都用上了这个新观点。

总而言之，瑞安的这篇论文打开了在琥珀中探索恐龙秘密的新世界的大门，具有非凡的意义！

# 第五章

## 一位东方奇人

孩子的世界里总会有一个或几个英雄偶像。

张巍巍先生是我童年最重要的偶像之一，和黑猫警长、孙悟空、恐龙专家董枝明先生并列。这是因为我在小学就迷上了集邮。那个年代的物质条件远不如现在丰富，邮票上的花草鱼虫、恐龙是我接触大自然的主要途径之一。那时候，我经常出入集邮店，用零花钱购买一些外国邮票，还通过父母亲订阅的《集邮》学习基础知识。其中，牢牢抓住我眼球的便是张巍巍的故事。

这个故事与昆虫纲密不可分。昆虫纲是整个动物界种类最多、数量最大的一个纲，现在已知约有100万种，它们的踪迹遍布世界的各个角落，并且有许多种类尚待发现。张巍巍酷爱昆虫，甚至会给人一种感觉：他巴不得自己就是一只昆虫，飞去各处与各个门类对话，还可以采集标本。

这和他的童年经历有着密切的关系。

张巍巍出生在北京，4岁时随父母在山西东部阳泉市下辖的平定县居住了两年。正是在这段时间里，张巍巍见到了比水泥城市广阔得多的大自然。在他的幼儿园后面有一个山谷，也是一个美丽的动物世界。他经常去山谷里玩，看飞鸟和蝴蝶。

在几次采访中，张巍巍都提

2019 年张巍巍在哥斯达黎加与新齿蛉合影（张巍巍 / 摄影）

到了一个在我看来很梦幻的场景：

> 有一次，山里发洪水，山谷里的小溪变成了一条河。张巍巍在草丛中发现了一只飞蝗，他想抓住它，飞蝗惊飞。逆光中，他看到蝗虫展开耀眼的金黄色翅膀，向着河对岸飞去。张巍巍惊呆了，他从未见过能飞得如此远的蝗虫。那段时间，诸如此类的神奇画面打开了张巍巍走进昆虫世界的兴趣大门。
>
> 一只小小的飞虫开启了一个孩童进入自然界的大门，这是成年人难以想象的，但孩子的世界就是这么神奇。空气中飘扬着各种各样的种子，你不知道哪个孩子在什么时候就会触碰到哪一颗，然后，这颗种子在孩子的心里生根、发芽，甚至绽放出花朵。这或许就是生命的赞歌，对大自然，对孩子，皆是如此。

张巍巍从此便与昆虫学结下了不解之缘。回到北京之后，虽然暂别了大自然，但他有更多的纸质资料可以阅读。从少年时期开始，他四处淘书、淘旧杂志、淘邮票，每逢周末和假期便到处逛，只要看到关于昆虫的图案或知识的读物，他就会想办法买下来。一些大人都看不下去的大部头，比如《陕西省经济昆虫图志鳞翅目：蝶类》《河北森林昆虫图册》等，他却看得爱不释手。

初中时，张巍巍进入北京市少年宫生物小组，机缘巧合地认识了对他影响至深的杨集昆教授。杨先生是我国著名的昆虫学家，长期致力于昆虫分类的研究和教学工作，采集了20多万号昆虫标本，发表论著700余篇（部），是中国昆虫分类学和文化昆虫学的先驱之一。有趣的是，杨先生原名杨济焜，其中的"焜"字是其父亲根据算命先生说他命中缺火取的，意思是大火光明。但杨先生心中的火却是昆虫，于是他后来改名为"集昆"，意为采集昆虫，为昆虫学奋斗一辈子。新名字的读音虽然和原名差不多，其意义却是全新的。

杨先生对张巍巍喜爱有加，究其原因，是对昆虫的共同热爱，我猜杨先生是从少年张巍巍身上看到了自己的影子吧。此后每个月，张巍巍都会花两个小时的时间到杨集昆家拜访、学习、查阅藏书和讨论问题。"在杨老师身上，我不仅学到了昆虫知识，更重要的是学到了他永远怀疑、不懈探索、不计名利的治学精神。"张巍巍先生回忆道。

专题集邮要求收集者具有深厚的学科知识，张巍巍完全满足这个条件。凭借着积累的昆虫学和集邮知识，1982年，年仅14岁的张巍巍鼓足勇气参加了北京市集邮协会举办的"伟大的祖国，可爱的北京"主题的首届集邮展览，由此步入了集邮展览的殿堂，并将集邮发展成毕生爱好。

1987年，张巍巍以一部《蝶类世界》邮集获得全国青少年专题集邮展览金奖，该邮集次年又参加了卢森堡的世界邮展，获得青少年集邮类C组（18~19岁）铜奖。昆虫专题邮集继获得1993年全国邮展的金奖之后，在韩国举办的1994年世界集邮展览上获得镀金奖，圆了我国专题集邮者多年来沾金的梦想，并在国内集邮界引起了轰动。但张巍巍并没有就此止步，为了收集世界昆虫邮品，他遍寻各种渠道，几乎花光了所有积蓄，终于在2000年以《昆虫》邮集获得泰国举办的第13届亚洲邮展金奖，成为我国第一个国际邮展专题集邮类金奖的获得者。

在昆虫邮票收集上做到极致之后，张巍巍又把目光投向了昆虫生态摄影与科学普及工作。从2007年起，他单独或与同行合作出版了多部印刷精美的昆虫学著作，深受大家喜爱。在这个过程中，他的昆虫

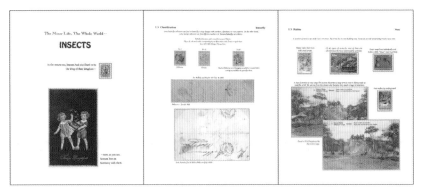

2000 年第 13 届亚洲邮展金奖邮集《昆虫》的部分贴片（张巍巍 / 摄影）

"收集癖"再次发作，便组织了一个团队，去拍摄各个门类的昆虫。没想到这一次，他又玩出了大名堂。2011 年，张巍巍在雅鲁藏布大峡谷经历了生死考验，全身中了 300 多根岩蜂毒刺，但他拍到了墨脱缺翅虫（*Zorotypus medoensis*）的生态照片，这是中国人第一次拍摄到这种神秘的稀有昆虫。此后，由于知晓缺翅虫的生活习性和特征，张巍巍又在世界多个地区发现了多种缺翅虫，并拍下了生态照片，其中来自加里曼丹岛的是一个全新的物种，被命名为巍巍缺翅虫（*Zorotypus weiweii*）。

张巍巍最早接触昆虫琥珀是在 2001 年。事情的起因是，他在新闻中获悉，丹麦哥本哈根大学研究生索普、克里斯登森教授、克拉斯博士，共同在《科学》杂志上介绍了一个全新的昆虫目——螳䗛目，这是一类外形既像螳螂又像竹节虫的奇异物种。这个昆虫新目发现于波罗的海琥珀中，研究人员最初以为它是一种竹节虫，但后来竟然在纳米比亚找到了活体。这个故事吸引了张巍巍，他意识到，昆虫的搜集不仅可以从大自然中获得，从琥珀中寻找线索也是一条路径。琥珀中包裹着百万年前的昆虫，而且它们大多保存完好，甚至毫发无损，因此琥珀成了人们窥探远古世界的一扇窗。

螳螂目昆虫琥珀（张巍巍／摄影）

　　波罗的海琥珀虽然美，但距离中国太远。2011年年底，随着缅甸国内的战事逐渐平息，缅甸琥珀恢复开采。凭借着区位优势，缅甸琥珀开始规模化进入腾冲，腾冲一举成为世界范围内最大的缅甸琥珀集散地。

　　张巍巍随即开启了疯狂收集虫珀的昆虫搜集模式。凭借多年来对现生昆虫的各个类群的了解，他很快就发现了缅甸琥珀的独特魅力。虽然波罗的海和多米尼加的琥珀珀体更加干净透彻，虫体往往也更大，但包裹的昆虫种类大多与现生种类类似。缅甸琥珀则不同，不仅内含物种类繁多，而且很多与现生种类差异极大，甚至是人们闻所未闻的。更为特殊的是，缅甸琥珀开采的特殊历史背景使得世界范围内对其内含物的研究严重不足，发表的论文更是少之又少，这为中国学者施展才华提供了广阔的空间。

　　张巍巍在大量搜集缅甸琥珀的同时，先后与国内外的昆虫学家和古生物学者展开合作，为揭开白垩纪的昆虫之谜做出了重要贡献。比如，他与中科院动物研究所研究员杨星科团队合作，于2016年在《冈瓦纳研究》杂志上发表了研究成果，即在缅甸琥珀中发现的一个化石昆虫新目——奇翅目（Alienoptera）。这是中国昆虫学家第一次通过琥珀发现昆虫纲的新目，震惊了世界昆虫学界。

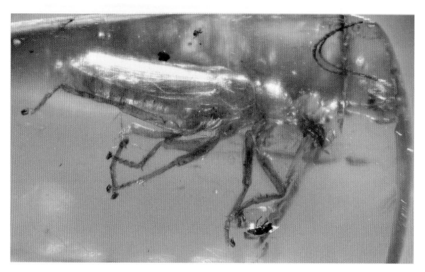

奇翅目昆虫琥珀（张巍巍／摄影）

　　2017年6月，张巍巍先生从他收藏的数千件虫珀藏品中精选出800多件，撰写了《凝固的时空：琥珀中的昆虫和其他无脊椎动物》一书。全书的2 000多幅图片，差不多都出自张巍巍之手。在给该书写作的推荐序中，著名古昆虫学家、首都师范大学生命科学学院教授任东评价道："张巍巍这些高质量的学术成果没有花国家一分钱，完全出自他个人的兴趣和对大自然的热爱，是纯粹的科学。他完全配得上'新时代的博物学家'这一称号。"

　　知道了张巍巍先生的更多故事后，我从他身上似乎看到了自己的影

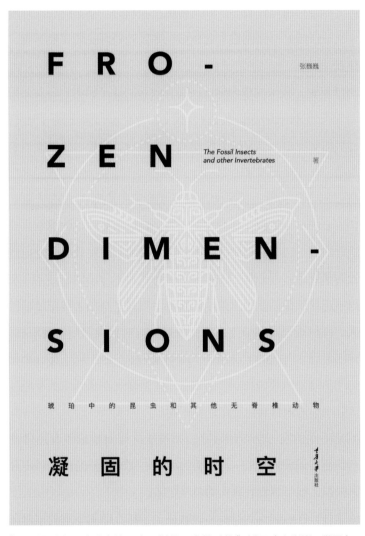

《凝固的时空：琥珀中的昆虫和其他无脊椎动物》封面（张巍巍 / 供图）

子。我们有着相似的山野童年，有着相似的从"野生"到"科班"的科研经历，但他付出得比我多，钻研得也比我认真。如果要在近几十年中找一位从业余爱好一路跑进专业领域，并且处处开花的自然学者，我首推张巍巍。

2012年夏，我从加拿大学成回国，收获的除了满满的恐龙知识，还有十几本大部头的恐龙邮票。做一本《恐龙》邮票集是我的一大梦想，但这件事的难度很大，又缺乏专业人士的指点。我想，要是能得到张巍巍的帮助，就再好不过了。

我还记得自己当初在微博上跟张巍巍取得联系时的那种激动，他和我想象中的并无二致，十分友善大方。说起集邮，他的思维是那么敏捷，当时的我一边听，一边感慨，光是静静地听他讲故事，就已经是一种莫大的享受了。

出乎意料的是，我的这位童年偶像竟然成了我踏入神奇琥珀世界的领路人。在讨论恐龙邮票之余，张巍巍多次对我说起缅甸琥珀的奇妙，指出它们是恐龙时代的宝贵遗产。缅甸琥珀中已经出现了爬行动物的鳞片，出现了珍贵的完整蜥蜴，出现了不知道是鸟还是恐龙的羽毛！"立达，这是一扇通向真实白垩纪的窗户呢！"

酷爱恐龙的我听后双眼发亮。如果能从缅甸琥珀中看到恐龙的羽毛，那将是可以比肩瑞安·麦凯勒的那篇论文的重要发现！对研究恐龙的学者来说，谁不想看看真实的白垩纪呢。

就这样，在张巍巍的帮助下，我搭上了研究缅甸琥珀的末班车。那一年是2013年，这一年，我读完一年的博士预科，正式进入中国地质大学（北京）攻读博士。

# 第六章

## 密支那卖珀人

2013年10月，我在云南禄丰川街贝壳山看一处残破的恐龙足迹。足迹保存得很差，还被一条公路截去了一半。

中午时分，在山下的田地旁，我收到了张巍巍的微信消息。

"立达，你看看这只蜥蜴脚有没有价值？缅甸人还说它是恐龙脚呢！"张巍巍半开着玩笑。"恐龙脚"三个字让我打了个激灵，可山下的手机信号时有时无，我望了望不高的山坡，想都没想就往上爬，半个小时过去了，我站在山坡上，手机屏幕上开始冒出一条条未读信息。

张巍巍发来的蜥蜴脚有5个清晰的脚趾，和现今鬣蜥的脚部十分相似。不是恐龙，我有一点儿失望。但即便只是蜥蜴脚，也是很棒的发现。据我所知，抛开缅甸，在波罗的海地区和中美洲地区，较为完整的蜥蜴琥珀不超过10枚。

缅甸琥珀中的蜥蜴脚（邢立达／摄影）

在那一瞬间，我脑海中浮现出一个"白日梦"，既然缅甸琥珀能包裹住较大的蜥蜴，那么它们也有可能包裹着恐龙时代的其他脊椎动物，比如恐龙、鸟类、青蛙等。应该系统地搜集缅甸琥珀，当时的我暗下决心。但是，这趟研究缅甸琥珀的末班车一出发就给我泼了一大盆冷水：琥珀中脊椎动物包裹体的价格太昂贵了。一般来说，缅甸琥珀中最常见的昆虫是双翅目、鞘翅目、膜翅目等，常见植物为一些蕨类和苔藓。因为这些包裹体数量丰富，价格相对低，一直处于百元人民币价位。由于保存的原因，一些水生动物在琥珀中较为少见。大型捕食性节肢动物，比如蝎子，居于食物链顶端，因此包裹有它们的琥珀数量也较少。一些较大型的被子植物的花朵在琥珀中也不太常见。脊椎动物中，蜥蜴的不完整四肢在琥珀中较为常见，而完整的蜥蜴较少；鸟类羽毛比较少见，鸟类或非鸟恐龙的较大肢体则更是罕见。物以稀为贵，这些包裹体因此

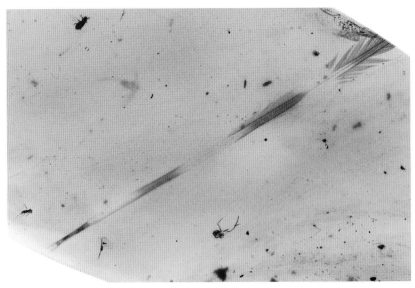

一种非常罕见的羽毛琥珀（邢立达／摄影）

销价高昂。2013年年底至2014年年初，一枚飞羽琥珀的售价为上万元，完整一些的蜥蜴琥珀价格动辄高达10万元，令人瞠目结舌。

当时，国内多家科研机构也闻风而动，中国科学院南京地质古生物研究所、中国科学院动物所、首都师范大学、中国农业大学等"国家队"在相对充沛的人力、物力支持下开始进场。这些团队于2014年发表了多篇论文。次年，缅甸琥珀就迎来了"井喷式"研究成果，论文发表数量在120篇以上，记录了大量的全新物种。中国年青一代的学者以蓬勃朝气和较高的研究水平，加上近水楼台先得月的优势，在缅甸琥珀研究中脱颖而出。不过，这些团队都是以研究昆虫等无脊椎动物包裹体为主，无人涉及脊椎动物包裹体。

那么，我这个尚在象牙塔中的博士生能做些什么呢？我想起菲利普教授千叮咛万嘱咐我们的一句话："研究化石一定要去产地看看。"我是

蝎子琥珀（邢立达/摄影）

不是应该去产地看看？说不定产地的琥珀价格更低，品种也更全。现在回想起来，当年的我真是胆大，面对一个完全陌生的国家，军事冲突未休，语言也不通，我就这样冒冒失失地闯了进去。

与我经常探访的化石点或矿区不同，缅甸琥珀矿区的民族问题、军事问题和政治问题错综复杂。缅甸的少数民族冲突问题一直存在，各少数民族组织都希望按照《彬龙协议》，继续合法拥有自己的武装力量并实现高度自治，但这与缅甸政府的民族同化政策相悖。于是，从1962年开始，缅甸克钦少数民族地方武装与政府军一直冲突不断，使缅甸北部的琥珀很难穿过硝烟与世人见面。出于安全考虑，缅甸政府和少数民族地方武装都禁止外国人进入军事冲突区域，而部分琥珀矿区就处于少数民族地方武装管辖范围。

缅甸最著名的琥珀产区在德耐附近，近年来开采较多的是老矿区西辟贡和新矿区安巴莫。这些拗口的名字不算正经地名，在地图上无法查到，因为这些矿区以前人迹罕至，只是胡冈谷地中的一片密林。最初发现它们的是当地傈僳族山民，他们随便给这些矿区起了名字。

要去缅甸琥珀矿区，需要先去腾冲探探路。前文说过，腾冲在2011年后成为缅甸琥珀在中国的最大集散地。

在腾冲集市上，随处可见身着"笼基"筒裙、脚踩拖鞋的缅甸男子和脸上涂着"特纳卡"的缅甸女子。特纳卡是一种黄色粉末，取材自缅甸常见的黄香楝树，缅甸人涂抹这些粉末是为了防晒和防止蚊虫叮咬，穿裙子则是为了凉快。缅甸人来腾冲的目的多半是为了贩卖琥珀，其中不少人是华裔，会说中文和缅甸语，语言优势使他们在早期的贸易中占得了先机。

有经验的琥珀玩家告诉我，对琥珀研究和收藏来说，为了尽可能快和尽可能多地得到一手琥珀，经营一张密度与广度兼备的关系网是必不可少的。只有这样，你才能第一时间看到好的样品，抢得先机筛选一遍。要做到这一点，你就需要跟缅甸人处好关系，而且需要靠信任和金钱来维系，因为缅甸人不好打交道。

缅甸琥珀商人的为人处世特色鲜明，那就是只和熟人打交道。他们的中国朋友往往是来腾冲之后结交的，和你熟悉之后，他们才会拿出最新最好的琥珀。我从来没想过一个古生物学家还要做这样的事情：每天穿着当地奇怪的裙子去跟缅甸商贩套近乎，跟他们一起看小视频、抽土烟、吃烧烤。而且，如果缅甸人给你看琥珀，不管喜不喜欢，你都最好买一些，这样他们下次还会跟你联系；但如果你一两次嫌贵或根本不买，他们下次来腾冲很可能就不会联系你了。

通过这种办法，我和一些缅甸人成了朋友。有时他们还会向我发出邀请："你可以来缅甸找我们，到家里看看琥珀！"我听了这话，迫不及待地连声说好。

出境买琥珀，依旧要从腾冲出发。早上8点就要动身，先坐车到和顺。和顺是我国国家级历史文化名镇，也是云南最早的跨国贸易发源地，西南丝绸古道就是从这里一直往西，最终到达西亚和南亚。我的琥珀之路也是从这里开始的。

和顺并没有琥珀，我们到和顺是为了坐汽车前往古永，行程70多千米，需要一个小时。古永原为古勇，有"古道勇行"之意，是西南丝绸古道在中国境内的最后驿站。20世纪40年代，在古永古道基础上修筑的中印公路（又称史迪威公路），为中国抗日战争的胜利立下了汗马功劳。

古永近年已改名为猴桥，但当地人坚持使用旧称。猴桥现为国家一级口岸，可直通缅甸甘拜地和密支那。猴桥运营着一些腾冲牌照的摆渡车，可以将乘客送到猴桥口岸。乘客在口岸处下车出示证件，过关后回到车上，再走8千米即可到达缅甸的甘拜地口岸。甘拜地口岸联检大楼是云南省保山市出资援建的，于2009年投入使用。

腾冲牌照的车辆只能行驶到甘拜地，从甘拜地开始，我要换乘缅甸牌照的车。和许多欠发达国家一样，这里的车人多是报废后翻新的日本二手车，使用年龄都在10年以上，至于车牌，我觉得根本不存在。

从甘拜地到密支那的距离约为100多千米，听起来不远，但这条公路是原滇缅公路，仅为双车道，蜿蜒曲折、泥泞不堪。路上最常见的一幕是拉香蕉的大挂车，长长的挂车在各式山路上拐弯，令人惊出一身冷汗。

而且，这100多千米的路上车时走时停，因为要经过克钦邦第一特区和第二特区的5道关卡，每个关卡都要检查通行证，有的关卡还要缴

缅甸甘拜地联检站（李墨／供图）

纳过路费，汽车为1 000缅币（约合4.5元人民币），摩托车为500缅币。

克钦邦第一特区盛产柚木和翡翠等宝石。这里的少数民族地方武装在2009年接受了缅甸政府军的整编，但和克钦邦第二特区的少数民族地方武装一样，他们与缅甸政府的恩怨目前尚未了结。当地人告诉我，克钦少数民族地方武装是缅甸国内最古老的少数民族地方武装之一，由于习惯在山间密林生活和战斗，又被称为"山兵"。

在这条买缅甸琥珀的路上，免不了要和几道关卡上的山兵打交道。他们把竹竿横在公路上，手持武器，衣冠不整，态度也不太友好。遇到检查通行证的时候，你一定要用双手把证件递过去，否则山兵很可能不搭理你。

从中国边境线到密支那的距离大概有130千米，如此折腾下来，至少要走4个小时。坐落在伊洛瓦底江边的密支那，其名意为"大河之

密支那琥珀市场（余法中／摄影）

滨"，是克钦邦的首府，距离仰光1 479千米，距离曼德勒784千米。密支那是著名的旅游城市，有翡翠和琥珀等矿产，有缅甸最大的玉市，金碧辉煌的寺院和佛塔也随处可见。

密支那的高档酒店，比如卡特尔酒店、双龙酒店、金色高能酒店等，价格都不高，折合人民币每天200元左右。有的酒店是华侨开的，早餐免费，还可以吃到粥、鸡蛋、面包，令人备感亲切，可以忘掉一路上的风尘仆仆。但午餐和晚餐又会让你回到骨感的现实当中，当地多数饭馆的卫生条件堪忧，肉类不那么新鲜，常有苍蝇环绕。如果按照中国的卫生标准，那里的很多餐馆可能都要关停。总结起来，缅甸的饮食有六大特点：辣味浓，油分大，炸食多，拌菜多，酸菜多，椰子和棕糖食品多。

一些常来缅甸淘货的中国人为方便出行，通常会在当地买一台摩托车，花费约为2 700元人民币。入住酒店的第二天，我就跟着熟人，骑着摩托车到缅甸人家中拜访和看货，一天下来最多能走访两三家。

密支那市内的房子大都是水泥结构和木结构的，而农村的房子则多为竹结构加铁皮屋顶。缅甸珀商多住在城外，竹制的小屋只有两个房间。我每次去，珀商就带我到屋后敞亮的棚子里挑选琥珀。

缅甸人出售的琥珀多种多样，有粗糙的毛料，有吊坠、项链和手串等珠宝成品，也有不规则的虫珀。对我而言，虫珀是最主要的目标。挑选虫珀是一种用手电筒和放大镜仔细寻找包裹物的游戏，因为拥有知识方面的优势，所以中国客商往往可以捡漏，这也是这门生意的魅力所在。我有一个自己的原则：如果对方向我介绍琥珀，并且不征求我的意见，那么无论买或不买，我都不会多言，更不会指鹿为马，因为这并非相处之道。如果对方发问，我则倾向于告诉他们琥珀的包裹物是什么生

密支那琥珀市场上的琥珀摊位（董华宝／摄影）

典型的缅甸民居（董华宝/摄影）

物，即便他临时涨价以致超出我的预算，也没关系——我不买就是了。这样的事确实发生过，但也有一部分缅甸珀商不会这么做，他们会把交易与知识分开对待，尊重我的看法，一起为新发现而举杯。我们也因此成为彼此信赖的朋友。

有时候，我还会去距离密支那大约15千米的外莫（又称韦茂）买琥珀，行程约30~40分钟。路上的必经之处是密支那大桥，每晚8点封桥，所以无论你几点出发，都最好在下午就返回。

在外莫买琥珀更有意思。这里有一个殖民地时期留下来的咖啡馆，中午时分缅甸珀商会聚集在这个咖啡馆里，桌上摆着手电筒、放大镜和各种待交易的琥珀。在外莫，我的朋友经常告诫我，"你买到上好的琥珀之后，最好不要招摇"。

在缅甸交易琥珀必须使用现金。缅币的面值大，常见的是1 000缅

密支那大桥（董华宝／摄影）

交易琥珀的外莫咖啡馆（董华宝／摄影）

币、5 000缅币和10 000缅币，交易完成后珀商常会收到满满一背包缅币，大概1 000多万缅币，按照当时的汇率，可折合人民币4.5万元。最后，买完琥珀的我还要去当地税务部门依法纳税，得到一纸完税证明，在海关申报后才可以将琥珀带回中国。

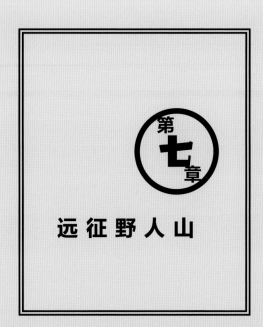

# 第七章

## 远征野人山

邢立达
恐龙手记

2014年9月，我和摄影师乔伊在缅甸密支那一处花园别墅式酒店的露台上。尽管目光所及之处金顶壮观、鲜花娇美，但炎炎烈日和情况并不明朗的矿区之行仍然让我心烦意乱。乔伊倒不觉得困扰，密支那是一座旅游城市，他和当地人打得火热，似乎已经忘记了此行的主要目的是拍摄当地琥珀市场和矿区的照片。

去一趟矿区实在太麻烦了！上次我和阿文想混入矿区，结果出了密支那还不到一个小时，就差点儿被军队抓起来。所以，这次我不敢再冒险。为了得到当地人的口头许可，我被困在酒店已经快一个月了。待在密支那的时间越长，我越觉得去矿区是一个很糟糕的主意。

阿文一直在为此事奔走，他是我前几年缅甸之行的向导。他是缅甸华侨，会讲些中文。阿文一开始就断然拒绝了带我去矿区的要求，认为这简直是疯狂的想法。

"到老矿区的路有三条，其中两条穿过以前的战场，存在一些尚未清理干净的地雷，曾经有一头野象不慎踩到定向雷，被几百颗钢珠射得面目全非。而剩下的一条路只有克钦少数民族地方武装才知道。第一次去的时候，我被蒙上眼睛在大象背上颠簸了两天才到。"阿文略带夸张且绘声绘色地向我讲述了他在西帕贡矿区的遭遇。阿文还告诉我，就在最近，矿区的局势又有变化。我们原计划拜访的西帕贡珀矿，采集最高峰是在2013年，有20万~30万人在该地区采挖琥珀。此时此刻是2014年9月，西帕贡珀矿已经被克钦少数民族地方武装叫停和查封。当地珀农只能转至新矿区安巴莫挖掘琥珀，这个矿区到西帕贡矿区步行需要两个小时左右，但珀农的数量已大不如前。这意味着我们的旅程又增加了新的风险和变数。

"山兵惹不起啊！他们祖祖辈辈生活在这里，对一切都了如指掌。"

一心阻止我去矿区的酒店老板闻讯赶来，他指着不远处的山峦对我说："他们天生就是打游击的好手。"美国探险家威廉·盖洛在1903年的游记中写道："一位英国军官告诉过我，克钦人是丛林旅行的最好伙伴。如果你把他扔进河里，那么他会叼只鱼儿浮出水面。"

但是，有一个奇怪的现象让我难以释怀。还记得前文中提到的李华德公司在当地收购了数以吨计的琥珀吧，他们因此获得了很多脊椎动物包裹体吗？并没有。其实，直到2013年年末和2014年年初，已发现的脊椎动物，尤其是鸟类包裹体（包括脚、羽毛、翅膀的材料）都非常稀少。但到了2014年下半年，随着西辟贡珀矿的关闭和安巴莫珀矿的开采，鸟类琥珀才开始出现，最初是鸟脚，之后是鸟翅膀。这或许可以说明安巴莫地区曾经存在更多的脊椎动物。

这对研究恐龙的我来说，诱惑实在太大了。阿文不断与少数民族地方武装的朋友沟通，尝试带我混进去看一看。在酒店又住了两三周之后，阿文终于带来了好消息。

"邢博士，管事的长官同意我带你去矿区转转，但你的朋友绝对不行，西方人的外貌太显眼了。"阿文避开酒店的服务生小声对我说，"而且，如果遇到危险，我们必须随时中止。"他看着我身旁的摄影师乔伊说道，"还有，你应该涂点儿特纳卡，看上去越像缅甸珀农越好。"

多次沟通与协调之后，我们终于在一个阴郁的午后冒着细雨开启了一次惊险的矿区之旅。我听从向导的意见，熟练地在酒店前台沾了些特纳卡粉，往脸颊和额头上抹了抹。阿文一路讲述着克钦族与中国景颇族的关系、他们在历史上遭受的漫漫苦难，以及中国远征军在此地进行的浴血之战。

缅甸琥珀矿区位于胡冈谷地，这个地名在缅语中的意思是"魔鬼居住的地方"，它还有一个著名的俗名——野人山。这片原始森林方圆五六百千米，位于缅甸最北部，与中国交界，周围是高耸入云的横断山脉。

每年的5月下旬到10月是胡冈谷地的雨季，丰沛的雨水使得森林里的蚊蚋和蚂蟥异常活跃，疟疾等传染病也极易暴发，毒蛇和瘴气更是让人防不胜防。直到第二次世界大战之前，这里都是无人区，后来采矿的人多了，逐渐在茫茫林海中踩出了一条条泥泞的山路。但是，林莽如海、河流纵横、瘴疠横行，这些仍然是横在旅人和胡冈谷地之间的挡路虎。

我们借来的越野车性能优良，但依然难以应付可怕的路况，砂石刮擦底盘的声音令人颇为不安。大约行驶了7个小时，经过了几个检查站，我们一行人才到达德耐。

在德耐的一个简陋的小码头——如果二三十片拼在一起的木板能称

小码头和小舢板（董华宝/摄影）

作码头——我们登上了舢板。在舢板上晃悠了许久，我们到了另一个浅水地，上岸后发现原本能通行摩托车的土路由于前几日的大雨而变成了一片"沼泽"，阿文只能找来大象代步。这次坐在象背上的感受与参加东南亚特色旅游项目的乘象体验截然不同，再加上道路泥泞不堪，爬坡和下

缅甸琥珀矿区用大象作为交通工具（李墨／供图）

摩托车是缅甸的重要交通工具（李墨／供图）

山的时候人在象背上前倾后仰，虽不至于掉下去，但多少有些"晕象"。

不知道过了多久，晕头晕脑的我听到骑在另一头大象上的阿文喊叫着："我们很快就到了！"我抬眼望去，远处并没有缅甸常见的金顶，而是一大片毫无规律的绿蓝相间的帐篷，那里就是神秘的新矿区安巴莫。

安巴莫与缅甸北部村诸多简陋的寨其实没有什么不同，除了不绝于耳的刺耳抛光声和水泵抽水声。珀农用木板、茅草和竹篾建造房屋，这些是原始森林里最不缺的材料。草房一般为干栏式结构，房子与地面隔离的设计有利于将日常居住空间与污水横流的泥泞地面区隔开。房架则用有分叉的木柱支撑，再以藤条绑扎固定；房顶苫以茅草，再覆上塑料膜；墙面则由竹篾编织而成，看上去不太结实。

琥珀矿区安巴莫—西辟贡远景（李墨／供图）

琥珀矿区安巴莫—西辟贡近景（董华宝／摄影）

阿文带我四处走了走，眼前的景象让我觉得珀农们不但居住环境相当恶劣，生活条件也十分艰苦。他们的生活物资和生产设备要靠摩托车和大象翻山越岭才能运进来，致使商品的价格比城镇高得多。幸好有一部分食物能从大自然中直接获取，有的珀农在空闲时会去河谷里用炸药捕鱼，或抓点儿野味改善生活。

矿区的简单餐食（李墨/供图）

当地珀农告诉我们，森林里的蚊叮虫咬特别烦人，就算全身涂上特纳卡也没有用。更要命的是旱蚂蟥，也就是山蛭，它们生活在潮湿隐蔽的原始森林中，在露水多的清晨和气温适宜的傍晚尤其活跃。这些狡猾的小东西平时潜伏在草丛、落叶、树干间等不易令人察觉的地方。有人畜经过时，旱蚂蟥就会突然收缩身体，掉落或附在人畜身上吸血，而且专找胳膊、小腿、脚和脖子这些暴露在外的地方下口。如果你的衣服没有扎紧，旱蚂蟥就很有可能顺着皮肤爬进你的腋窝甚至隐私部位，给人造成莫大的痛

矿区的珀农正在吃饭（李墨/供图）

珀农对琥珀进行粗加工（李墨／供图）

苦。当地珀农一般用土烟的烟头烫掉旱蚂蟥，烟灰则可以用来止血，而华裔偏爱使用风油精。

来这里的第一天，我就见识了旱蚂蟥的恐怖阵仗。几十只甚至上百只旱蚂蟥从草丛里向你涌来，要是被它们缠上，你可要损失不少血。幸好我们在西双版纳出野外的时候用过含避蚊胺的驱蚊水，喷上一喷，旱蚂蟥立刻逃之夭夭。

对珀农而言，忍饥挨饿、被蚊虫和旱蚂蟥叮咬都是小事，山上的野兽也并不致命，他们最担心的还是人祸。政府军和克钦少数民族地方武装时断时续地打了几十年的仗。每次爆发冲突，正常的开采活动就会受到影响。

为了方便相互照应，珀农的生活区和矿区混杂在一起，形成了绿蓝相间的"马赛克"图景。放眼望去，这些马赛克帐篷至少有3 000顶。每顶帐篷下面都是一口窄窄的矿井，方形井口的边长仅有1米左

珀农在挖出的岩石中寻找珀体（李墨／供图）

珀农缓缓下井，准备采集琥珀（李墨 /
供图）

矿区泥泞的道路（李墨 / 供图）

珀商在珀农家中粗选琥珀（李墨 / 供图）

下矿井的珀农（董华宝 / 供图）

矿井作业现场（陈光 / 供图）

下河抓鱼是珀农们难得的休闲时光（陈光／供图）

右，洞下的开采半径则被限制在10米以内。珀农的挖掘设备非常落后，几乎全靠人工，他们有时候连安全绳也不绑就徒手爬下矿井，一镐镐、一锄锄地挖土。挖到琥珀层时，珀农便会改为横向作业，沿着矿层中的一窝窝琥珀挖。

"矿井是承包的，按年计算，费用约为5万美元（按照现在的汇率，约合34.8万人民币），还要缴交易税。"阿文的朋友告诉我，"承包矿井的风险很大，全靠运气。如果运气好，下井半个小时就会有收获；如果运气不好，连续几个月都挖不到琥珀，一些经济实力较差的矿主就会因此破产。"

一个让我好奇的问题是：这些矿井能到达多深的地方？珀农告诉我，在很长一段时间里，矿井深度都被限定在10~15米，英国人和加拿大人得到的琥珀，绝大多数都来自这些层位。但几年前，这里雇用了很多来自莫谷红蓝宝石矿区的工人，他们经验丰富，可以将矿井挖到100

多米深的地方，远远超过了以往矿井的深度。

新的深度带来了新的收获。珀农们发现，随着矿井深度的变化，琥珀的品种也有所不同。红色的琥珀被称为血珀，离地表较近，通常只有3~5米，最深不过10米。在血珀层以下的90余米的地层中，按发现数量从多到少排序，棕红珀最多，其次是金珀或者根珀。这种分布没有绝对的规律。地表100米以下的珀种目前尚未挖到，所以仍是一个未解之谜。

更有趣的是，阿文告诉我，珀农会在不同的季节挖掘不同的珀种。这里的雨季较长，每年的5月下旬到10月，地下水高涨，珀农每天早上5点起床，用水泵从矿井里抽水。在较为干燥的日子里，抽两三个小时就可以开工；而到了雨天，他们凌晨2点就得起床抽水，一直抽到早上八九点，好不容易开工，一阵雨下来，矿井又灌满了水，下井作业只能中止。如果遇到连绵的雨天，珀农就只能改挖地表浅层的琥珀，也就是血珀，所以这个季节新上市的琥珀多以血珀为主。10月初雨季结束，矿井内的积水退去，珀农得以再次进入矿井深处作业。所以，每年的10月至来年5月，是最令珀农和珀商期待的日子。

威胁珀农生命安全的因素，主要是井下缺氧、易窒息的环境和塌方的风险。目前，他们多采用通风机之类的设备减少缺氧窒息造成的伤亡，塌方风险则随着技艺高超的新矿工的加入而有所降低。阿文带我们来到一口新打的矿井边上，只见几个珀农正往井下运送木桩和竹子，这是莫谷矿工的小窍门之一，横竖相间的木竹就像人的肋骨一样，尽其所能地保护着脆弱的矿井。

我始终没有忘记此行的目的：能不能看到最新出土的琥珀，说不定有鸟类或蜥蜴的包裹体呢？但是，我的希望很快就落空了。有太多的珀商在矿井旁穿梭，他们说着当地的语言，将刚出土的琥珀送到最近的简易切割点，洗去表面的泥土，再在圆乎乎的琥珀上抛出一个小口子，然后用手电筒一照，里面的杂质多寡或包裹体种类就能大致分辨出来了。我初来乍到，而且人生地不熟，连多看几眼的机会都没有。

我只好退而求其次。对古生物学家和地质学家来说，如果能身临琥珀开采现场，最期待的事情当然是通过采集岩石样品，获取琥珀所在的岩层信息。比如，根据琥珀上方覆盖的岩石研究微体化石或岩样，推断其出现的年份，从而更全面地了解琥珀诞生的地质背景。

可是，人算不如天算，来到这里还不到半天，阿文就把我拉到角落。

"你表现得太活跃了，似乎引起了一些人的注意，咱们还是赶快出去吧。"

"那不行，我们花了这么大的代价来到这里，怎么能空手回去呢？"我不愿意就此离开。

"如果引来了山兵，他们可不管你是不是科学家。"阿文的语气严肃起来，"要是被扣留的话，就麻烦了。再说，你忘记你答应过我的要求了吗？"

"如果你觉得危险临近，我们必须随时中止。"我重复了一次阿文说过的话，瞬间清醒过来。

在阿文的协助下，我采集了一些较深矿井的琥珀和岩石样本，之后便顺从地骑上大象，原路返回密支那。

第
八
章

缅甸琥珀与
大海的前世今生

邢立达
恐龙手记

"咣当"一声，狭小的通路被一根从天而降的横木挡住了。

几个穿着迷彩服的缅甸克钦少数民族地方武装士兵不知道从哪里冒了出来，几缕阳光透过树冠，恰好照在皮肤黝黑的年轻士兵胸前的步枪上，黑色的枪管反射出瘆人的光。

我们一行人自觉地掏出证件，接受盘查。突然，我觉察出异样，这次的盘查居然问起了话，而以往士兵看完证件就会放行。

非本地住民严禁进入矿区，这是少数民族地方武装的命令。

此时的我身着当地人的服装，脸颊和额头上抹着"特纳卡"，手里捏着阿文不知道从哪里搞来的身份证明。

士兵离我越来越近，我的额头惊起了一层细汗，一旦被发现不是当地人，就绝对不是被驱离那么简单了。眼下政府军和少数民族地方武装的冲突还未平息，我很容易被误认为别有用心的人。逃跑肯定不是办法，虽然我身后是一人多高的茅草，但像我这种城市居民怎么跑得过天天在山地中摸爬滚打的士兵呢。

"呀呀……"我情急之下开了腔，同时用手指了指自己的嘴巴，比画起手势来。阿文反应很快，连忙解释说我是他的哑巴亲戚，和他一起贩卖琥珀。

士兵没有继续为难我们，挥了挥手让我们快点儿通过关卡。脱身后我才发现自己的小腿不知道什么时候被茅草割开了一个大口子，而我之前竟然毫无察觉。

时间到了2015年6月。

前一年的矿区之行匆匆结束，随后在北京进行的实验室分析给我泼了一大盆冷水，采集的岩石样本不理想，无法分离出足够的锆石或孢粉，这对矿区地质的判断毫无帮助。于是，我打电话给阿文："让我们再去一次矿区吧？"

"可最近的情况并不好……"阿文犹豫半晌。然而，在我再三恳求之下，阿文最终还是答应了。

这次的矿区之行有惊无险。我们来到熟悉的矿井边，检视着矿工帮我们采集的琥珀样本，并按照出土的深度，将它们装进一个个标本袋中。

从矿区回到密支那已是夜幕降临之时，阿华骑着一台中国制造的嘉陵牌轻型摩托车，载着一箱缅甸啤酒等着我们。

缅甸啤酒口味清爽甘冽，在我喝过的各国啤酒中堪称数一数二，不愧是缅甸的另一个国宝。来到市场边上珀商阿腾的住处，我们围坐在一起，几瓶啤酒下肚，他一边说着磕磕巴巴的英文和中文，一边打开了刚才在怀中捂得严严实实的草纸包。

"这是一个贝壳。"阿腾特别懂规矩，他从不直接把琥珀递到我手里，而是轻轻放在桌上等我去取。他接着说道："全缅甸就这一个，没有其他人发现过，你只需要付100万元缅币（约合人民币5 000元）。"

"贝壳？"这倒是罕见的东西，我手持20倍的地质放大镜，仔细观察着标本。它根本不是贝壳，而是一个蟑螂的卵鞘，只不过破损了一半又有些变形，所以看上去就像一枚小贝壳。我正要开口，阿文在我身后轻轻咳了一声，我会过意来，轻轻地摇了摇头。

阿腾早已习惯了这样的情景，默默地把那枚琥珀收了回去，又倒出一小堆琥珀说："这些通货不贵，但都比较奇怪，你看看喜不喜欢。"

所谓通货，是指需要一整批拿走的琥珀。这便于商家快速回款，但其中的琥珀品质可能参差不齐，全靠买家的眼力去赌。在白晃晃的手电强光下，我匆匆地扫了一眼，其中一个状似昆虫复眼的琥珀让我眼前一

一小堆刚抛完光的缅甸琥珀（邢立达／摄影）

亮，我强忍住心中的狂喜，不动声色地点了点头，并且透着一丝无奈说："总不能空手回去，就买下来吧。"

它很可能是一个巨大的介形类单瓣蜕壳。介形类属于甲壳类，也被称为"种子虾"或"介形虫"。它们的体型极其小，通常只有0.5~2毫米长。介形类的整个身体被包裹在两片介壳当中，背部长有铰合结构，可以自由开闭，很像一枚小小的贝壳。

介形类虽不起眼，但在地质研究中却极为重要。因为从大约5亿年前的奥陶纪开始，地球上就有介形类了。它们在地质历史上的延续时间长、种群数量大、分布范围广，其钙化的外壳很容易被沉积物掩埋并演变成化石。更重要的是，介形类的外壳（或称"介壳"）在不同的演化阶段存在一些微小的差别，特定的种类会出现在特定的地质时期。于是，介形类化石成为非常重要的标准化石，常常被用来判定地层的年龄。

作为典型的水生动物，介形类在琥珀中非常少见。目前仅有的介形类琥珀记录都出现在新生代，比如俄罗斯的始新世琥珀、墨西哥的中新世琥珀。此时此刻我眼前的介形类，是中生代琥珀中首次记录到该类动物。这个介形类的最特别之处在于它巨大的体型，相比0.5~2毫米长的介形类，这个缅甸标本的长度接近3毫米。这么大的介形类实属罕见。

有趣的是，在这个珀体中，除了介形类，还有虫粪颗粒和卵蛛科的残骸，但介形类与其他包裹物之间有明显的流纹分割。这表明，有一股树脂先包裹了地面的介形类，在其干燥后，另一股树脂又包裹了虫粪和卵蛛科。

回到北京后，我请教了介形类专家和我的老师万晓樵教授、优秀的青年古生物学者席党鹏副教授，以及维也纳大学的本杰明·塞姆斯博

缅甸丽足介目标本（陈海滢／摄影）

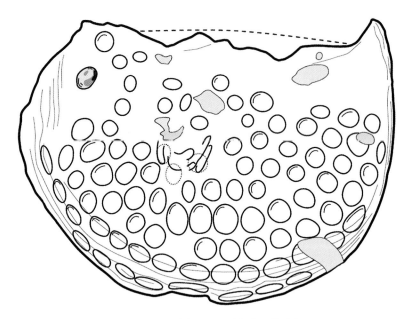

缅甸丽足介目海萤科标本轮廓图（本杰明·塞姆斯/绘图）

士，他们为这个"巨大"的标本找到了"家"。它属于介形类中的丽足介目海萤科，这类生物的壳体较大，但钙化程度较弱，可能不那么结实。这块缅甸标本为单瓣蜕壳，本身也非常脆弱，幸好有树脂这种优良的存储介质，才能保存至今。

现在的一些海萤科介形类在受到外界刺激时，会从体内排出腺体，某些腺体中含有发光物质，能产生浅蓝色的冷光，营造出壮丽的生命景观——在夜色中，整片海域都闪耀着这种清冷的光芒。虽然我们采集到的琥珀介形类化石不能展露这种生物特性，但它仍然是一种潜在的可能。清冷的蓝色白垩纪海畔，这样的场景让我在很长一段时间里都觉得十分浪漫。

在意外收获了介形类琥珀的激励下，结合胡冈谷地的地质图、实地

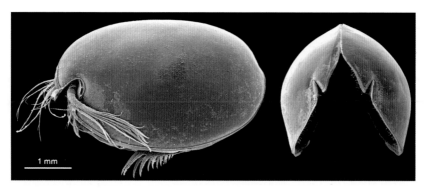

扫描式电子显微镜下的希氏弯喉海萤（马克·威廉斯 / 供图）

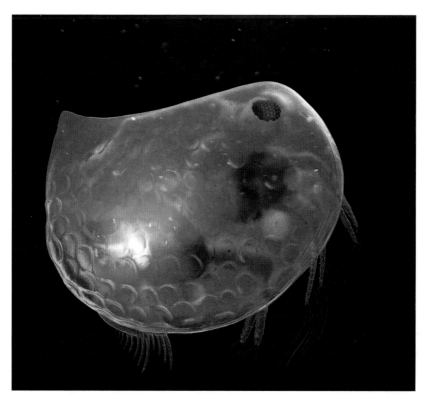

缅甸丽足介目标本复原图（达米尔·G. 马丁 / 绘图）

小恐龙伊娃和介形类复原图（达米尔·G.马丁/绘图）

缅甸丽足介目琥珀中包裹着的卵蛛碎片（邢立达/摄影）

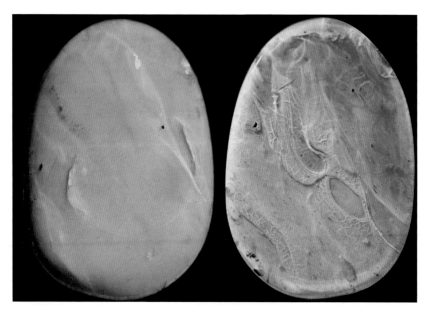

缅甸丽足介目琥珀中的分层流纹，每条流纹都表明在原来的树脂外面又包裹了一层新的树脂（邢立达／摄影）

观察到的岩性细节，以及对矿区岩石样本的初步检查，我们对矿区地质背景的猜想自然而然地浮现出来。

整体而言，胡冈谷地沉积是以白垩纪和新生代的沉积岩及火山岩为主。当时我仔细观察了矿井周围的岩壁，那里除了灰扑扑的琥珀外，地层中的不同岩石也清晰可见。我发现，岩壁以碎屑沉积岩为主，其中夹杂着薄层灰岩和炭质岩。此外，缅甸琥珀中还有以薄膜和晶体群形式存在的黄铁矿，这是半咸水的沉积环境中会有的现象。这一信息将我们对缅甸矿区古环境的猜想引向了近岸海洋，也可能是海湾或者河口。

除了介形类，我们还在矿区地层中采集到一些河相或海相的腹足类和双壳类动物，以及仅发现于海相地层的菊石类动物，这进一步验证了我们关于近岸海洋环境的猜想。

更有趣的是，一些海生动物恰巧被包裹在树脂内，"有幸"成为琥珀包裹体中的一员。其中最典型的证据是海笋，它是一种钻蛀性穴居的双壳类软体动物。缅甸琥珀中有一种包裹体很常见，形状下尖上圆，如棍棒一般。在很长一段时间内，这种"小棒子"都被误认作真菌孢子体，后被琥珀学家证明是海笋类动物的居住迹，即海笋在树脂内钻蛀空洞后留下的居住痕迹。2017年，马来西亚壳牌公司的阿伖·史密斯和苏格兰国家博物馆安德鲁·罗斯教授，对这些海笋类做了详细的形态学分析，并将其归入雁蛤亚科。

"小棒子"空洞内有填充物，且各不相同，有些填充物质地非常细

最下方的琥珀便是多个海笋类包裹体和它们的通道（王宁／摄影）

腻，有些是较为粗糙的沙质沉积物，有些则是亮晶晶的方解石胶结物。究其原因，当时胡冈谷地所在的这片森林很可能就在海边，一些半硬的树脂成为海笋钻穴居住的好去处。它们进入小洞后，取食、排泄和繁育都借助伸出洞穴的水管完成，死后自有或细或粗的海底泥沙等沉积物灌入洞内，填满了洞穴。

在有的标本中，我们可以看到海笋张开一对洁白的贝壳，静静"漂浮"在琥珀中。这表明当海笋被困在树脂中时，树脂还处于未固化的柔软状态，回填了海笋进入树脂时留下的通道，封闭了海笋的出路。

除了介形类、海笋类之外，缅甸琥珀的"海鲜拼盘"还包括菊石类。菊石属于已灭绝的头足类，约在4亿年前的早泥盆世出现在地球上，最后在白垩纪末期与恐龙等生物一起灭绝。菊石的最小直径还不到1厘米，最大的则比农家的磨盘还大，直径可达2.4米。而且，它们的形态也各具特点。虽然菊石早已灭绝，但我们今天还能看到菊石的远亲，即八爪鱼、乌贼和鱿鱼。菊石可能会猎食鱼类、甲壳类和其他小动物，其天敌则包括水生爬行类，比如沧龙类。我曾经在许多菊石化石上看见沧龙类的咬痕，就像我们吃一口奥利奥饼干留下的咬痕一样。虽然菊石能喷墨汁以躲避掠食者，但在很多情况下并没有用。和介形类一样，菊石也是非常重要的标准化石，常被用来判定地层的年龄。

2019年5月，中国科学院南京地质古生物研究所王博研究员和美国印第安纳大学伯明顿分校荣誉教授戴维·狄尔切等学者，研究了一个来自胡冈谷地的菊石包裹体。他们利用高分辨显微CT（计算机层析成像）仪器对菊石进行分析，获得了包含缝合线结构在内的高精度三维重建图像。形态分析表明，这枚菊石是一个幼体标本，属于普若斯菊石亚属（*Puzosia*）。该菊石类群的生存年代距今约1.05亿—9 300万年前，也就

菊石琥珀（夏方远 / 供图）

是白垩纪的阿尔必期到塞诺曼期，这与施光海教授此前得出的地质年代学研究结果一致。

　　由于已经完全灭绝，菊石最珍稀的部分是其软体，而这也是传统化石难以保存的部分。不出所料，这枚琥珀中的菊石软体也都丢失了，而且壳体有破损，这表明壳体在被树脂包裹前经历了一定的搬运作用。

　　除了1枚菊石，这枚琥珀还保存了异常丰富的化石类群，4枚螺类、4只等足类、23只螨虫、1只蜘蛛、1只马陆和至少12只包括蟑螂、甲

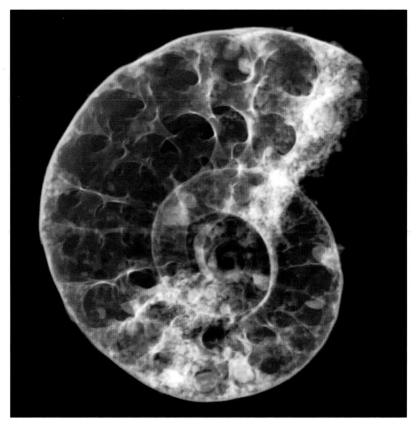

高分辨率扫描的菊石内部结构（夏方远／供图）

虫、蠓和蜂等昆虫的成虫。4枚螺类中有2枚保存较好，属于马提尔特螺（*Mathilda*）。包裹物中除了菊石和螺类，还有1只等足类属于海洋动物，其他节肢动物则都属于陆地动物。可是，海洋动物怎么会和陆地动物被包裹在同一团树脂中呢？

王博发现菊石内部充填的是细沙砾，琥珀珀体也包裹了类似的沙砾，这表明菊石可能是在沙滩或靠近沙滩的位置被树脂包裹的。也就是说，菊石和螺类在被树脂包裹前已经死亡，并被海浪搬运到岸边，与一些地栖生物遗体和沙砾混杂在一起。树脂先在树干上包裹了一些树栖昆虫，然后顺着树干流到地面上，包裹了菊石、螺类和一些地栖动物，之后树脂被埋藏起来，经历复杂的地质作用后变成了琥珀。

介形类、海笋类、菊石类等海洋动物包裹体琥珀的发现，表明缅甸北部的环境在1亿年前是一个热带海岸森林生态系统。具体而言，该系统很可能呈现为红树林、海滩林或季节性沼泽林，有潟湖或河流入海口，大片的松柏类植物生长在大海边。只有在这种生态系统中，树脂才会产生于边缘海环境，并且包裹住海洋动物。这些信息对我们了解缅甸琥珀森林的古环境起到了非常重要的作用。

# 失之交臂的
# 白垩纪蜥蜴

邢立达

恐龙手记

从2013年起，每隔两三个月，我都会去一次腾冲或密支那的琥珀交易市场。最开始被我收入囊中的琥珀包裹的是一些脏兮兮的羽毛、破损的蜥蜴鳞片及肢体等，它们的价格要低一些。因为鸟类会换羽，经常有脱落的羽毛被树脂包裹住。蜥蜴身型小、惯于攀爬，也比较容易被流下的树脂包裹，所以蜥蜴相较其他脊椎动物在琥珀中更为常见。

看到一些财力雄厚的收藏家或科研机构大批量购入琥珀，我羡慕不已。我以前研究恐龙化石和恐龙脚印，几乎没有什么必要花钱购买标本，而现在，随便一块琥珀都是明码标价，身为博士生的我根本没有这方面的科研预算，只能自掏腰包，先买一点儿标本，然后走一步看一步。

这段时间有很多令我备受折磨的时刻。我在珀商手中见过很多不错的标本，其中一枚琥珀包裹了整只蜥蜴。你能想象我看到它时的感觉吗？透过几毫米的珀体，你能看到一双1亿年前的蜥蜴眼睛，这种感觉实在太奇妙了，这张照片直到现在还保存在我的手机中。但我买不起这种标本，看着很多优良的蜥蜴包裹体流落各地，却不能被古生物学家用于研究，我深感遗憾。

不过，遗憾归遗憾。在不断观察蜥蜴琥珀的过程中，我也对这个此前不甚了解的领域做了一些功课。在分类上，蜥蜴类或蜥蜴亚目（Lacertilia）属于爬行纲（Reptilia）有鳞目（Squamata），是一类分布非常广泛的爬行动物，其囊括的6 000多个物种分布在除南极洲之外的大陆和岛屿上。蜥蜴的体型差异很大，从几厘米长的变色龙、壁虎，到3.1米长的科摩多巨蜥都有。值得注意的是，蛇和蚓蜥并不属于蜥蜴类，它们和蜥蜴亚目并列，三个亚目又同属有鳞目。

大部分蜥蜴都是四足动物，有些种类的4条腿变得很短，甚至完全消失，有些种类则可以滑翔。在形态学上，蜥蜴亚目可以分为5个

蜥蜴琥珀（邢立达/摄影）

下目：（1）鬣蜥类（Iguania），包括鬣蜥、避役（变色龙）、飞蜥、安乐蜥与角蜥等。（2）壁虎类（Gekkota），其脚部以特别的吸附能力著称。（3）石龙子类（Scincomorpha），有1 300多种，其多样性仅次于壁虎类的蜥蜴。大多数石龙子类都没有明显的颈部，而且它们的腿部较小，通常情况下，它们的运动方式类似于蛇的滑行。（4）复舌类（Diploglossa，又称蛇蜥类），包括蛇蜥、无足蜥和瘤鳞蜥等。（5）厚背类（Platynota，又称巨蜥类），包括科摩多巨蜥和毒蜥等，多数具有毒性。

在较新的分类法中，有鳞目被分为以下几个亚目，但它们彼此间的演化关系尚无定论，包括：双足蜥类（Dibamia）、壁虎类、正蜥类（Laterata，包括蚓蜥科、蜥蜴科、美洲蜥蜴科、裸眼蜥科和狐舌蜥科）、石龙子类和有毒类（Toxicofera）下面的鬣蜥类（包括鬣蜥、避役、飞蜥等）、蛇蜥类（Anguimorpha，包括巨

琥珀中蜥蜴眼睛的特写（邢立达/摄影）

蜥、希拉毒蜥、蛇蜥、鳄蜥等）以及小蛇类（Ophidia，包括各种蛇）。

　　率先报道缅甸琥珀中蜥蜴类包裹体的学者，是英国爬行类动物学家埃德温·阿诺德和美国俄勒冈州立大学的乔治·珀纳尔，他们在2008年首次命名了缅甸琥珀中壁虎类新物种——缅甸白垩纪壁虎（*Cretaceogekko burmae*）。这只缅甸白垩壁虎从年龄上算还是一个宝宝，但它独特的足部比例、复杂的黏附机理和脚垫皮瓣的结构，与现生壁虎的足趾腹面刚毛结构非常相似。

　　现代生物学家发现，壁虎的脚趾下有一排衬垫，每个衬垫下都有难以计数的刚毛（长约20~130微米），刚毛顶端又有400~1 000个毛茸茸的绒毛分叉。这些绒毛有200~500纳米长，每根只能提供很小的吸附力，但数百万根共同作用的吸附力最大可达120千克。绒毛和物体表面几乎达到了分子级别的接触，两者之间产生了范德华力（产生于分子或

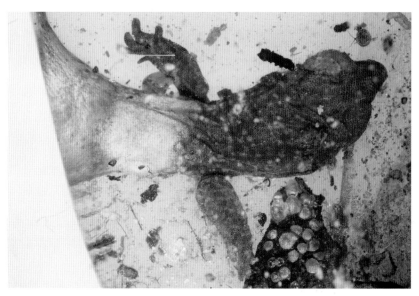

缅甸白垩纪壁虎类琥珀（邢立达／摄影）

原子之间的吸引力，也称分子作用力）。由于所有绒毛都是全方位贴合物体表面的，所以无论物体表面是否光滑、形状如何，都没有关系。缅甸琥珀中的壁虎脚部表明，现代壁虎类的诸多特征在大约1亿年前就已经出现了。

2013年，我开始研究缅甸琥珀中的蜥蜴，但需要补的课太多了，所以进展缓慢。2016年，美国萨姆·休斯敦大学的胡安·达萨团队系统地报告了一批标本。看到这篇论文时，我的心情颇为复杂，其中提到的不少标本都是我在密支那或腾冲的珀商手中看过的，当时没有拿下要么是因为价格昂贵要么是因为性价比不高。比如，有一件标本明显是断开后又用3秒胶粘好的。因为囊中羞涩和研究速度跟不上，我们团队与首次系统报告缅珀琥珀中的蜥蜴动物群擦肩而过。每次想起这件事，我都会黯然神伤。

达萨团队报告的缅甸琥珀蜥蜴类包裹体共有12个。他们利用高分辨显微CT仪器扫描了这些琥珀，并重建了部分标本的骨骼。这批标本也提供了蜥蜴类软组织的丰富细节，比如皮肤、骨骼和脚垫等的信息。从形态上，标本可分为壁虎类、蜥蜴总科、鬣蜥类中的鬣蜥亚科和避役科，体现了缅甸白垩纪蜥蜴的多样性。这些蜥蜴是目前已知的最古老的保存在琥珀中的蜥蜴类动物群。这一发现表明，高度多样性的旧大陆热带蜥蜴类组合早在白垩纪中期就已经形成了，尽管经历了白垩纪—古近纪之交的恐龙灭绝事件，这一蜥蜴类组合仍然在现生种群中延续了下来。

达萨团队在接下来的几年里不断有新的发现。2018年，加布里埃拉·丰塔纳罗萨检视了达萨团队描述过的一件被归入壁虎类的标本。新的线性判别分析表明，标本前足处于壁虎类和石龙子类共同的形态带，

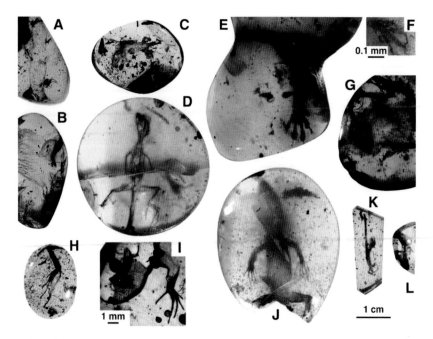

胡安·达萨团队报告的不同种类的蜥蜴琥珀，除了 F 和 I 有各自的比例尺（1 毫米）之外，余下的都是 1 厘米的比例尺（图片来源：Science Advances e1501080）

存在非常小的副趾结构，而此前仅在现生壁虎科（Gekkonidae）和叶趾虎科（Phyllodactylidae）中发现过副趾结构。这项研究表明，有黏附机制的趾下结构具备攀缘能力，它可能独立起源于壁虎类、石龙子科（Scincidae）和安乐蜥科（Dactyloidae）。

2018 年，达萨团队还介绍了有鳞目的一个新属种——温丁氏巴洛柴尔蜥（*Barlochersaurus winhtini*）。他们研究的标本是一个私人藏品，属于费德里科·巴洛柴尔先生，种名赠予搜集到这枚琥珀的缅甸人温丁。它是迄今为止发现的最小和最完整的白垩纪蜥蜴之一，保存了大部分的骨架、肌肉和其他软组织的残余。不过，和大多数脊椎动物琥珀一样，这枚标本的保存状态虽然看上去不错，但由于琥珀酸或其他因素的侵

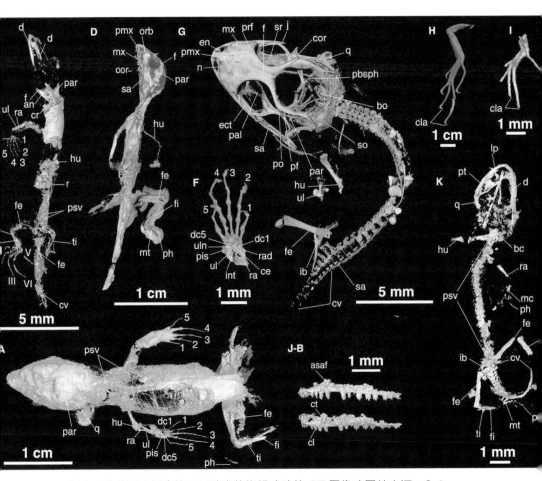

胡安·达萨团队报告的不同种类的蜥蜴琥珀的 CT 图像（图片来源：Science Advances e1501080）

蚀，一些重要的特征有所缺失，从而影响了鉴定结果。

巴洛柴尔蜥最醒目的特点是与其粗壮的躯体完全不成比例的非常短小的四肢。经过对这个标本衍征（每一演化分支都会有一些只出现在分支内每一个成员身上，而不会出现在其他生命身上的特征，比如蕨类的幼叶都是卷卷叠叠的）的鉴定，达萨团队将该标本归类于蛇蜥类的干群。蛇蜥类长期穴居，四肢退化，外观看起来像蛇，却有着长尾巴、外耳孔、小腹部鳞片等区别于蛇类的特征。和一些蜥蜴一样，蛇蜥类在遇到危险情况的时候，会自行断尾，以争取逃命的机会。达萨团队的一个

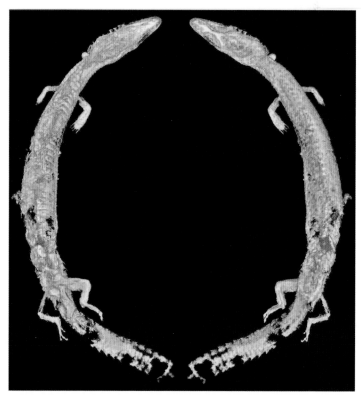

温丁氏巴洛柴尔蜥的 CT 图像（达萨团队 / 供图）

有趣发现是，巴洛柴尔蜥可能是首个包裹于琥珀中的基干蛇蜥类，也是该类群中已知最小的个体，这进一步丰富了我们对白垩纪蜥蜴多样性的认知。

从缅甸琥珀蜥蜴类包裹体的数量看，学者们目前已揭示的只是冰山一角，整体研究程度较低，大量标本都有待分析和描述。随着时间的推移，我们对白垩纪蜥蜴的了解将更加深入。

# 第十章

## 龙 、 鸟 和 羽 毛

邢立达
恐龙手记

对古生物爱好者来说，电影《侏罗纪公园》三部曲是不折不扣的神作。《侏罗纪公园》系列和《侏罗纪世界》系列电影引爆了全世界人们对恐龙的疯狂迷恋。当年，还在读小学的我听到《侏罗纪公园》终于被引进，硬是省下了15天的零花钱，把这部电影看了3次。在该片上映的20多年后，已经投身于恐龙化石研究的我，在写下这句话的时候依然心潮澎湃。要了解缅甸琥珀中的鸟类、恐龙和羽毛，还要从这部电影说起。

《侏罗纪公园》的原著作者迈克尔·克莱顿大胆地把故事构筑在当时的最新研究［古老的琥珀、古遗传学、DNA（脱氧核糖核酸）拼接复原、生动敏捷的恐龙］；导演史蒂文·斯皮尔伯格更是固化了数代人对于恐龙的想象——蜥蜴般的粗糙外皮和鳞片、从棕到绿的暗淡颜色、惊人的体型、可怕的破坏力……毫无疑问，这些设定实在是太酷了！总之，这部电影完全颠覆了恐龙愚蠢、缓慢、冷血的传统形象。

1996年，中华龙鸟（*Sinosauropteryx*）的发现为恐龙学的复兴点燃了星星之火。该化石发现于中国辽西的早白垩世地层，得益于湖泊沉积中非常细腻的页岩，动物的皮肤衍生物和部分软组织都被保存下来，一圈纤维状的印记从头至尾紧密包围着长一米左右的完整恐龙骨骼。这一发现震惊了学界，以至于它最初的研究者、中国地质博物馆馆长季强将其误认作鸟类，季强团队还将其命名为"中华龙鸟"。随后，经过对骨骼特征的细致比较，陈丕基、董枝明、甄朔南等学者则认为，这只带有原始丝状羽毛的动物属于恐龙中的美颌龙类。这意味着，恐龙也长有羽毛！一夕之间，恐龙与鸟之间的界限变得模糊起来，恐龙世界也开始了新一轮的巨变。

2000年，徐星等学者命名了一种恐龙——小盗龙（*Microraptor*），并推测这种早白垩世恐龙可能比始祖鸟还小，它们生活在树上，与鸟类关系密切。2003年，小盗龙的一个种——顾氏小盗龙（*Microraptor gui*）横空出世，它竟然有4个翅膀，且前后肢都长着适合飞行的不对称飞羽。它爬树的习性则将飞行起源的答案引导到了树上，如今鸟类振动双翼的飞行方式很可能源于自上而下的四翼滑翔。

2009年，徐星在辽宁省建昌县发现了距今约1.6亿年的带羽毛的恐龙化石——近鸟龙（*Anciornis*），证明了在晚侏罗世的始祖鸟之前的确存在长有羽毛的恐龙。这一发现打破了以往令鸟类起源于恐龙观点的支持者尴尬的"时间悖论"，成为鸟类起源于恐龙的重要证据之一。

至此，我们可以给恐龙重新下一个定义了。在分类学上，恐龙属于单系群，它们有一些区别于其他主龙类动物的共同特征。也就是说，恐龙是生物演化的一个分支，包括三角龙（*Triceratops*）和鸟类的最近共同祖先及其所有后裔。恐龙有两个主要分类，即蜥臀类和鸟臀类，前者包括兽脚类与蜥脚类。兽脚类恐龙的一个分支在侏罗纪演化成鸟类，大量的化石证据与基因证据都证明了这个演化的可靠性。我们完全可以说，恐龙没有灭绝，鸟类就是恐龙。因此，我们将除鸟类之外的恐龙统称为"非鸟恐龙"。

既然鸟恐龙等于鸟类，而非鸟恐龙已经绝灭，那么羽毛呢？羽毛曾经是鸟类的专属，直到批羽恐龙的出现才颠覆了这个定式。羽毛这种轻盈的结构，究竟走过了怎样的演化之路呢？

羽毛是非鸟恐龙与鸟类的表皮衍生物，几乎完全覆盖表皮，其为中空结构，有利于减轻质量。羽毛轻盈且坚韧耐磨，是热的不良导体，富有弹性和保暖性。多数鸟类在季节更替时还会换羽。在系统演化史上，羽毛的出现极有可能不止一次，而是在不同类群的恐龙身上反复出现。

顾氏小盗龙的模式标本（徐星／供图）

顾氏小盗龙的新标本与几乎完美的羽毛印痕（北京自然博物馆／供图）

从构造上说，典型的羽毛有一根主轴，叫作羽轴。羽轴是羽枝着生的支架，也是整片羽毛的中柱和强度的主要来源。羽轴的横截面为封闭的圆形或亚圆形，其中有髓质层，即由大量髓细胞形成的髓腔。羽轴上脐以上的部分叫作羽干，其两侧为羽片。羽轴下部没有羽片的部分叫作羽柄、羽根或翮，插入皮肤毛囊。羽片由一系列斜着排列的平行羽枝构成，羽枝则由羽枝轴和斜生且平行的羽小枝组成。羽小枝的近端有边缘卷曲的片状结构，被称为滑道或滑槽，远端则分布着多个钩子，被称为羽小钩。这样的结构以斜角相错排布，远端的羽小钩钩住近端的滑槽，从而形成紧密、完整的羽片。

羽毛的形式多种多样，它们都是由上述的羽轴、羽枝、羽小枝以不同的排布方式构成的。羽毛的功能也相当多样，主要是飞行、保暖、保护色，还能帮助鸟类求偶、游泳、御敌等。

依据生长的部位，羽毛大致可以分为：

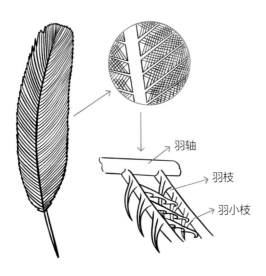

羽毛结构示意图（小天下卢洁／绘图）

飞羽。用于飞行，专指翅膀和尾巴上长长的羽毛，分为翅膀上的翼羽和尾巴上的尾羽（或称舵羽）。

翼羽分为5种。其中尤为重要的是初级飞羽，鸟类的飞行主要靠它们。初级飞羽着生在鸟的腕骨、掌骨和指骨上，数量因为鸟的种类不同而不同，一般来说是9~10根。次级飞羽比初级飞羽短一些，着生在尺骨上，数量因鸟的体型大小而不同，娇小的翠鸟、蜂鸟只有六七根次级飞羽，而信天翁的次级飞羽则多达40根。三级飞羽距离着生在鸟的肱骨上，数量只有3根，基本上算作次级飞羽的一部分，收拢起来可遮覆大半的次级飞羽，具有保护功能。小翼羽位于鸟类翅膀的外缘，仅有几根，可以帮助鸟类控制飞行姿势。覆羽主要负责遮覆其他羽毛，又可细分为初级覆羽（覆盖在初级飞羽正上方）、大覆羽（负责遮覆次级飞羽正上方）、中覆羽（遮覆大覆羽）、小覆羽（遮覆中覆羽从肩部开始至翅膀最上方的部位）。简单来说，小覆羽盖在中覆羽上，中覆羽再盖在大覆羽上，层层加盖，就像屋顶的瓦片那样密无空隙。

尾羽是位于尾部的飞羽，它们固定在尾综骨上，左右对称，一般为6对12根，起到的作用是操控飞行方向、稳定起飞姿态和求偶时做出炫耀行为，某些种类的尾羽还可以用来支撑身体。

绒羽又称绒毛，分布在覆羽之下，平常被遮蔽不易看见。绒羽的羽轴较短，羽枝柔软，丛生于羽轴顶端。因为缺乏羽小枝与羽钩，绒羽无法钩连成片，犹如一团团蓬松的毛球或毛絮，贴着体肤，从而形成了很好的隔绝空间，夏天隔热，冬天保暖。

绒羽中有一类特别的种类，叫作粉绒羽。粉绒羽与一般绒羽的差异在于，前者会产生一种粉末。鸟类会将这种粉末涂抹在飞羽上，保护飞羽不被雨水浸湿，同时使得分离的羽枝再次相互钩连以保持羽翼的完

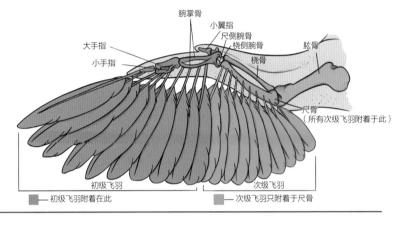

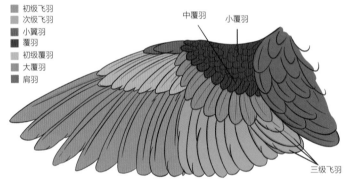

羽毛在鸟翅的分布与分类示意图（小天下卢洁基于 DevianArt 作品绘图）

整，便于飞行。

　　刚羽又称刚毛、鬃羽，是一种特化羽毛，我们几乎看不到它的羽枝，如果有也仅限于基部的一点儿。刚羽通常分布在鼻孔周围、嘴喙基部和眼睛附近，可以起到感知、保护、协助捕猎等作用。

　　纤羽又称发状羽，也是一种特化羽毛，有羽轴，末端有少量可自由活动的羽枝，它们生长在廓羽间，通常在较大的羽毛（包括绒羽）根部围成一圈生长。我们可以把纤羽理解为每一片羽毛的状态传感器。

廓羽，也就是飞羽加上覆羽，形成了一副完整的羽衣"外壳"，包裹住鸟身，勾勒出每只鸟儿特有的轮廓。我们在野外常常可以凭借这隐约的轮廓判断鸟种，叫出它的名字，因此有人就将两者合称为"廓羽"，又称体羽、翮羽、正羽。

副羽生长在廓羽羽轴附近的小羽毛，主要功用是保暖。

半羽生长在羽翼之间，主要作用是保暖和维持身体的流线。半羽的形态介于廓羽和绒羽之间，有点儿像鸡毛掸子，虽然有羽轴、羽干，却缺少勾连羽枝的系统。

那么，羽毛的生长过程是怎样的呢？美国演化生物学家理查德·普鲁姆对此有非常深入的研究，并做过详细的归纳与介绍。

基本上，所有羽毛都源于一根管子的各种变化，这根管子由表皮增生而来，其中央是位于皮肤上的负责提供养分的羽髓。虽然羽毛分支犹如树杈，却像头发一样是从基部开始生长的。一开始，表皮上的基板增厚，并拉长成一根管子，被称为羽芽。有一圈细胞环绕羽芽并不断增生，在基部形成圆柱状凹陷，就像一口井那样，被称为毛囊，即产生羽毛的器官。角质细胞在毛囊基部生长，这个部位被称为毛囊领。这一生长过程会迫使较老的细胞往上和往外推，最终生长出一整支羽毛。用普鲁姆的话说，"这整个过程犹如复杂精细的舞步，堪称自然界的奇景。"

进一步观察这些舞步，毛囊领最外面的表皮层变成了羽鞘，这是一种用来保护羽毛生长过程的临时性构造。同时，毛囊领表皮层的内侧分裂成一连串纵脊，被称为羽枝脊，用于制造出各个羽枝。在廓羽上，羽枝以螺旋形绕着管状的羽芽生长，在管子的一侧接合在一起形成羽轴脊，在管子的另一侧则形成新的羽枝脊，新的羽枝脊会与羽轴脊接合，最终形成廓羽。因为绒羽没有羽轴，所以其羽枝脊会竖直地生长，而不做螺旋形移动。不论哪种羽毛，从羽枝主枝延伸出来的羽小枝，都是从羽枝脊表面叫作羽小枝板的单层细胞生长出来的。

羽毛的演化研究需要大量的化石证据，徐星在辽宁地区发现的近鸟龙化石提供了很多相关信息。普鲁姆于1999年发表了一篇题为《羽毛的演化与发育起源》的论文，他在综述鸟类羽毛形态类型和发育过程的基础上，详细解读了当时已知的中华龙鸟和北票龙（Beipiaosaurus）的纤维状皮肤附属物与羽毛演化之间的关系，进而把鸟类羽毛的发育过程分为5个阶段。

阶段1：基板从毛囊与羽芽开始进行管状拉长，产生了最初的羽毛，表现为无分支的中空圆柱。

阶段2：由一圈表皮组织构成的毛囊领开始分化，其内层变成纵向裂开的羽枝脊，外层则变成保护鞘。在这一阶段，有一簇羽枝会愈合成一个中空圆柱结构，形成羽根。

阶段3：羽毛发生模型此时呈现出两种可能性：一种是羽枝脊开始以螺旋状生长并形成羽轴脊（阶段3a）；另一种是羽小枝产生（阶段3b）。究竟哪一种可能性先发生，学界存在不同的看法。在阶段3a，从毛囊生出的羽毛有一个羽轴和一系列简单的羽枝；阶段3b的毛囊则产生一簇羽枝，并分化出羽小枝。不管哪种可能性先发生，演化到阶段3a+3b之后，第一支有双重分支的羽毛就出现了，它具有羽轴、羽枝与羽小枝。由于这个阶段的羽小枝还没有分化，因此这支羽毛是张开的廓羽，也就是说，它的羽片不会像羽小枝相互勾连在一起的羽毛那样，形成密闭而固定的平面。

阶段4：由于羽小枝具备分化能力，这使得毛囊末端长出了有羽小钩的羽小枝，钩住隔壁羽枝的羽小枝上的滑槽，从而创造出密闭的廓羽。

阶段5：在阶段4之后，羽毛的演化便进入了自由王国，各种不同类型的羽毛得以演化出来。这个阶段产生的最经典也是最重要的羽毛，就是具有飞行能力的、有不对称羽片的飞羽。在模型中，毛囊领表皮层内的一侧会产生更多的羽枝脊，以形成不对称羽片。

化石证据表明，已知最原始的羽毛来自中华龙鸟，其形态为最简单的管状结构，与羽毛发生模型的阶段1十分相似。中华龙鸟、中国鸟龙与其他非鸟类兽脚类标本也有呈簇生结构但缺乏羽轴的羽毛，这与模型中的阶段2吻合。它们身上甚至也有廓羽，明显拥有分化的羽小枝和闭合的羽片，与模型中的阶段4吻合。小盗龙身上出现了真正意义上的非对称羽毛，也就是阶段5的羽毛形态的典型代表。

近几年，除了发生模型，羽毛化石记录的研究还有一个方向，那就是颜色。2010年，通过研究中华龙鸟化石上的黑素体，科学家首次为恐龙体表颜色复原提供了科学依据。之后，近鸟龙、小盗龙等恐龙的体表颜色都得以复原。

科学家在化石中发现了两种黑素体：一种为真黑色素，另一种为褐黑色素。这两种色素均存在于现生鸟类的羽毛中。根据和现代鸟类的

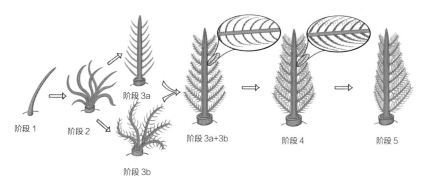

阶段1　　阶段2　　阶段3a　　阶段3b　　阶段3a+3b　　阶段4　　阶段5

鸟类羽毛发育的5个阶段（瑞安·麦凯勒及小天下卢洁/绘图）

对比，科学家推测，这些有羽毛的恐龙和古鸟类的身体，已经具有以灰色、褐色、黄色和红色为主要色彩的生理基础。根据它们的排列方式和分布疏密程度，他们推测中华龙鸟从头顶到背部为栗色，腹侧偏白，并且具有一条栗色和白色环带相间的长尾巴，就像一只恐龙版的狐猴。这种具有开创性的方法为研究恐龙的真实体色提供了复原依据，恐龙从此不再是或绿或棕的丑陋家伙。通过将小盗龙的黑素体与现代鸟类进行对比，研究者发现，小盗龙的黑素体长且窄，并以片状形式排列，这是现代鸟类的羽毛产生虹色光泽的特征之一，研究者由此推测，小盗龙具有闪烁着金属光泽的黑蓝色羽毛，这与现在的乌鸦或者美洲黑羽椋鸟类似。这些研究表明，恐龙不仅拥有多彩的羽毛，还演化出了形成颜色的不同方式。

我们知道，鸟类存在换羽现象，大量掉落的鸟羽随风飘散，非常容易被黏糊糊的树脂捕获。因此，在缅甸琥珀中，羽毛并不少见，而且其中大部分都与现生鸟类的羽毛相似。特殊案例包括处于阶段3的恐龙羽毛（我们会在后面几章提到），以及一种更加古怪的羽轴主导型羽（亦称近端条带状羽）。

羽轴主导型羽是化石记录中最精妙的羽毛，如果你觉得这个名字太拗口，就可以把它理解成一种特殊的尾羽。这种羽毛很长，绝大多数都出现在一些原始鸟类身上，比如孔子鸟类、反鸟类，也会出现在恐龙中的擅攀鸟龙类的耀龙尾巴上。羽轴主导型羽能长到什么程度呢？在大多数情况下，它都与动物的体长差不多，所以它们并不是为了身体的平衡或者飞行而演化产生的，其构造并不符合空气动力学的要求。那么，它们的功能是什么呢？目前多数古生物学家认为它们是动物物种内信息交流的工具，主要用于求偶炫耀、物种识别和视觉沟通等。在具体形态特

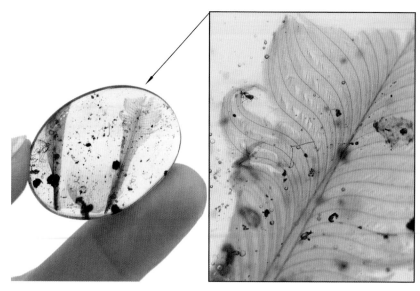

羽轴主导型羽（王申娜/摄影）

征方面，这些令人着迷的漂亮羽毛都有一根加粗的羽轴，因此得名羽轴主导型羽。它们通常与非条带状的饰带和球拍状羽一起出现。遗憾的是，这些羽轴主导型羽此前只在压型化石中有所发现，其平面结构限制了学者获取更多信息的可能性。

2015年，因为一个偶然的机会，我在缅甸密支那琥珀市场上看到了一种非常奇怪的羽毛珀，里面包裹着粗粗的羽轴，这让我立刻联想到孔子鸟那对显眼的尾羽。但它们又很奇怪，羽轴一般是封闭的，中间是充满海绵组织的髓腔，而这些琥珀中的羽轴背面是开放的，也没有髓腔。

毫无疑问，我当时看到的是以立体形式保存的羽轴主导型羽，其开放型羽轴令人百思不得其解。我猜这可能是一种保存上的特例，也可能是羽毛被压坏了。然而，随后的发现令我更加惊讶。在腾冲的琥珀市场和一些民间收藏者手上，我陆续见到了数十件具有同样特征的羽毛珀。

成对的羽轴主导型羽及其特写（瑞安·麦凯勒/摄影）

大量的标本表明我最初的发现并非特例，这类羽毛的羽轴就是开放的，虽然匪夷所思，但演化有时候就是这么神奇。

C型的羽轴横截面和羽片闭合不良，可能导致这类羽毛的空气动力学功能十分有限；不过，也有另一种可能——这是一种高效的轻质尾羽，羽轴之所以是开放的，是为了降低长出这种长羽毛的能耗，或这种结构是专门为长而轻的尾羽演化出来的。因此，这种羽轴主导型羽可能代表一种原始的羽毛形态（尚未发育出完整的羽轴），也可能源于管状羽轴的二次丧失。

我后来足足找到了31件此类标本，并发现它们有着丰富的多样性。个别标本的羽轴和羽枝还具有横向色素沉着带，深棕色和无色带交替出现，这代表着黑素体的分布和浓度，表明这些古鸟类的尾巴很可能色彩斑斓，十分美丽。

我们知道，现代鸟类的观赏性羽毛五色斑斓，在求偶等方面起到了重要作用。在31件羽轴主导型羽的羽毛珀中，至少有9件羽轴主导型羽是成对出现的。而且，羽毛附近没有鸟类的尸骸，也没有迹象表明羽毛和树脂表面有过打击式接触。这表明这些羽毛很容易掉落，可能是鸟类在打斗时掉落的，甚至有可能是鸟儿在防御时抛出的诱饵。这又引出一个重要问题：如果这类尾羽较易掉落，那么我们如何依据这个特征判断古鸟类的性别呢？

中国热河生物群中有一种著名的化石，那就是成对的孔子鸟（*Confuciusornis*）。这种原始鸟类的一些标本中有一起埋藏的两个个体，一只有长长的尾羽，另一只则没有。学者推断这是性别的差异，也就是一雄一雌。现在，琥珀中的证据告诉我们，这很可能只是两鸟相争，其中一只被打掉了尾羽而已。

一群反鸟类正在争斗，空中飘落下一对尾羽（张宗达／绘图）

　　以上就是关于琥珀中的特殊羽毛的故事。这些世界上首次发现的以三维形式保存的尾羽琥珀，初步揭开了1亿年前古鸟类尾羽的秘密，该研究成果于2018年12月15日在专业学术刊物《古地理学报》电子刊上发表。单单是羽毛包裹体就这么有意思，那么琥珀中的小鸟和恐龙呢？

双鸟在林，

不如一鸟在手

邢立达

恐龙手记

2015年是一个奇妙的年份。

从腾冲的琥珀商人到美国的琥珀专家，无人不知有一件奇特的鸟琥珀，那就是缅甸琥珀中出现的第一个完整的鸟类包裹体。这枚琥珀有一个橘子那么大，在它还处于原石状态的时候，珀体多裂，只能依稀看到其内有羽毛。这枚琥珀于2015年年初刚出现在腾冲的时候非常不起眼，默默地和一些所谓的"垃圾货"待在一起。一位当地珀商只花了500元就从缅甸人手上把它收了过来，同行看到了，还笑话他傻，花钱买了个破烂货。

这位珀商可一点儿也不傻。将其打磨后，他在琥珀里看到了一只几近完整的鸟，轮廓清晰，羽毛可见，也许可以奇货可居。但腾冲市场和最初接触到这件标本的琥珀爱好者，都没有意识到它的稀有程度。腾冲当地的最高出价不超过1万元，昆明的一位琥珀爱好者愿意出价1.5万元，珀商动心了，双方达成了口头交易。

然而，在这单交易完成之前，一位上海的琥珀收藏家半路杀了出来，他就是夏方远先生。夏方远赶上了缅甸琥珀进入中国的初潮，搭上了琥珀收藏的"大船"，凭借着不凡的眼光和雄厚的财力，按动物门类系统地收集了一批琥珀。他也积极地与中国科学院南京地质古生物研究所等机构合作开展研究。腾冲的珀商都知道夏方远先生出手阔绰，只要东西入了他的眼，价格就不是问题。当时有一个中间商问夏方远，知不知道腾冲出现了一枚鸟琥珀。

夏方远非常清楚这枚琥珀的价值，此前世界上没有发现过完整的鸟类包裹体。于是，他回复对方："10万元以内，你帮我拿下。"一听有利可图，中间商赶紧联系卖家把货截了下来，此时这枚琥珀的价格从1.5万元涨到了4万元。而当鸟琥珀到夏方远手中时，价格又变成了8.8万元，中间商一倒手，赚取了4.8万元。

就这样，鸟琥珀在更大的范围内引发了热议，它的照片也很快就流传到了国外。2016年，一位与纽约自然史博物馆有关联的美国人找到夏方远，想购买他手中的鸟琥珀，先是出价10万美元，之后报价从20万美元、50万美元一路飙升到100万美元，但都被夏方远婉拒了。我后来得知，这位美国买家的圈子里流传的版本是，有一只完整的小恐龙包裹在琥珀中，而不是小鸟，所以他们想重金买下来作为博物馆的藏品并用于研究。

如今，这枚琥珀依然收藏在夏方远手中。不管是否买卖，它的价格已经从500元涨到了700万元，从"垃圾货"变成了无价之宝！这个故事震惊了那些玩琥珀却不懂虫珀的人，也激励了无数的珀商。类似的故事后来又发生过几次。在我看来，这是每一种收藏品类都会有的故事，只不过大家都想让它发生在自己身上。

夏方远的鸟琥珀故事也深深触动了我。和美国同行一样，谁能想到琥珀里会有一只完整的鸟呢？古鸟类包裹体让人类首次有机会看到白垩纪古鸟类的软组织，一只栩栩如生的古鸟就像被冰封在一杯红茶之中，这种图景会让所有古生物学家都兴奋不已。这种美丽的邂逅我想象过很多次，但一直未能如愿。

2015年4月22日，在近一个月内连续跑了四川、湖南、贵州三省野外，回到北京一放松下来就被疲惫压垮的我，高烧40摄氏度。迷迷糊糊中，我的电话响了，是张巍巍打来的。

"缅甸出了一块很大的鸟类琥珀，你知道吗？"他话说得简洁利落，"这块琥珀现在大理，我把图转发给你，你看看有没有研究价值。"

当看到琥珀照片的时候，感觉就像是唐代诗人元稹的诗句"垂死病中惊坐起"一样，因为震惊，我的高烧居然退下去一些。

琥珀里有一只硕大的鸟翅膀，爪子清晰可见，飞羽密集。唯一的问题在于，卖家的出价太高了，差不多是一辆不错的小汽车的价格，而且一分不能少！这远不是我能负担得起的，当时我读博士的补助是一个月2 000元左右。腾冲的朋友安慰我说，有第一个，就有第二个、第三个，以后说不定就没这么贵了。

一周后，我出现在密支那街头。当时我并不抱什么希望，却没想到好运会来得这么快。

我是个念旧的人，在密支那长期住同一家酒店，和一些长租的房客也渐渐熟悉起来。来自法国的珠宝商人朱利安是我的老朋友了。他身材高高瘦瘦的，有一双蓝绿色的眸子，举止优雅，手机里存着红宝石、蓝宝石等许多珠宝原石的照片。

两杯酒刚下肚，他就开始给我展示著名珠宝展或者秀场上模特佩戴的珠宝，"其中不少都是我帮忙找到的，我是一名珠宝猎人！"他总是这么说。朱利安知道我的职业之后，一直对我很好奇，时不时地拿几枚羽毛琥珀找我鉴定，一定要我说出里面是鸟的羽毛还是恐龙的羽毛。

这位珠宝猎人并不勤勉，他倾向于把自己的作息时间调整得跟缅甸人一样，睡得早却起得晚。一天傍晚，我正在酒店的露台上看远处的蝙蝠群。他拿着一瓶啤酒走了过来，得意地告诉我，他今天在一位缅甸珀商的家里看到了一只完整的鸟翅膀，有几十甚至上百片羽毛被包裹在树脂里面。上百片羽毛?! 当时市场上一片羽毛的价位至少是几千元。我暗自算了算，这个标本的价格可能很高。然而，这不是重点。"你怎么知道它是一只翅膀而不是一堆杂乱的羽毛呢？"我问他。

"因为上面有一只爪子。"朱利安一边用手指做出钩状，一边得意地

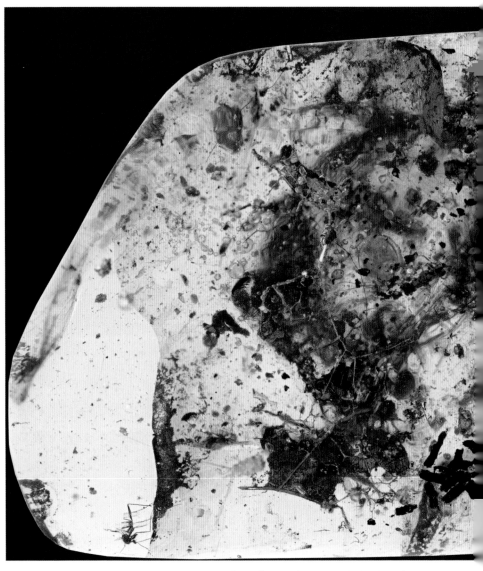

我遇到的第一件鸟类琥珀包裹体，后被我称为"罗斯"标本（瑞安·麦凯勒/摄影）

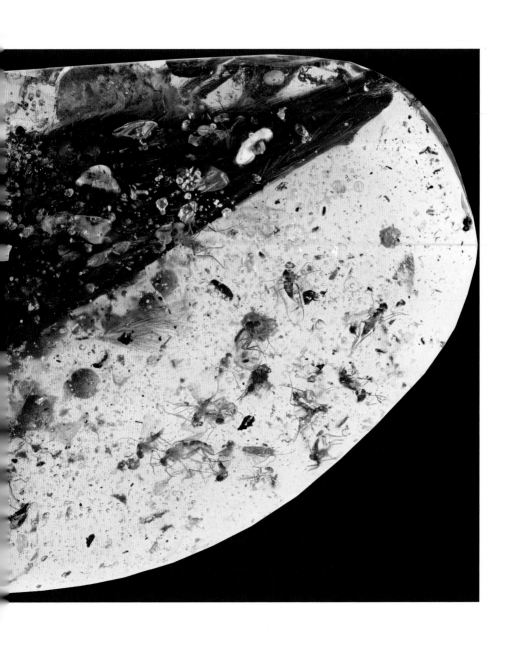

说，"你不是告诉我，恐龙时代的古鸟类翅膀上都有爪子吗？我已经付了定金，并且给它起好了名字，就叫'天使之翼'。你想象一下，如果用白金镶嵌，再加上一圈钻石，它将成为今年欧洲秀场上最夺目的一件珠宝。"

"爪子？"在我听到翅膀上有爪子后，他后面的话我已经听不进去了。于是，我找了个借口，匆匆离开酒店。朱利安常常拜访的几位珀商我也很熟悉，我骑上借来的小摩托，想去那几个珀商家里转转看看。眼见为实，我迫不及待地想看看那块琥珀里的鸟翅膀到底是什么样子。

到了朱利安最熟悉的一位珀商家门口，我推开半掩的木门，看到他正在为一枚琥珀抛光。知道我的来意后，他显得相当得意，"看，这就是那枚琥珀！"我把琥珀接了过来，它比我想的要小得多，大约只有1元硬币那么大。在放大镜下，密集的鸟羽下面有一只非常显眼的爪子；再仔细看，这只爪子的不远处还有另一只半遮半掩的爪子。毫无疑问，它就是古鸟类的翅膀。这是我第一次看到包裹在琥珀中的古鸟类身体，不仅有羽毛，还有骨骼。我从未奢望在琥珀里发现白垩纪鸟类，即兽脚类恐龙的后裔。直到它真真切切地出现在我面前，我才意识到这是科学界或者科学家第一次有机会看到真实的古鸟类。从包裹体的轮廓看，里面至少包括一只小鸟的掌骨、桡骨和尺骨，相当于人体的小臂到手指末端的部位。

"这枚琥珀很值钱吧？"我试探着问了问。

珀商皱了皱眉头说："你知道规矩，别打听了，我不能透露价格。"

"不不，"我辩解道，"我只是想多了解一点儿，以后遇到类似的琥珀也好出价。"

他伸出手指比画了一下价格。让我诧异的是，这个价格比我想的

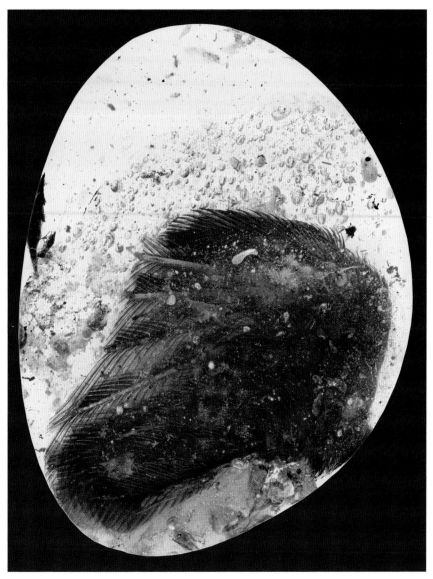

"天使之翼" 标本（瑞安·麦凯勒 / 摄影）

要便宜，在我的可承受范围之内。我立刻产生了一个念头：或许我可以把它买下来？如果我能尽快发表论文，这将是科学界第一次报告古鸟类琥珀。

我又试探着问他："如果我加价，你能不能把它卖给我？"

他想都没想就拒绝了我："我已经收了别人的定金，这样做不合适。"

不想轻言放弃的我和他从晚上9点一直聊到凌晨2点，先交流感情，从胞波关系（兄弟关系）到科学意义，再不断地加价，渐渐地他的口气不再那么坚决了。等他一松口，我就没有给他反悔的机会，当即付款、拿货、走人。

我把琥珀藏在贴身的衣服里面，回宾馆后，草草收拾了一下就直奔机场，买了最早一班的飞机票离开密支那，前往仰光。到仰光后，我又急匆匆地委托当地的珠宝商人帮我办理缴税等手续。其间我登录Facebook（脸谱网），朱利安说了我一通后把我拉黑了。虽然胜之不武，但我深信"天使之翼"在科学家手中要比在秀场上更能发挥出它的价值。

回国后，我对大理的那枚鸟类琥珀仍然念念不忘。它的珀体要比"天使之翼"大不少，软组织也更多，可能代表着不同的种类。我的现实困难在于资金，相较之下，有些科研机构，比如中国科学院南京地质古生物研究所，有一整套购买标本的规范流程和经费支持政策，研究用标本绝大多数都是由研究所出资购买的。而我没有这种平台和支持。

此时我想起徐星老师对我说过的话，他是我在艾伯塔大学读研期间的国内共同导师与顾问。有一次，我问徐老师如何看待他的诸多精彩的发现和成就。他说这是可遇而不可求且不可复制的。一位古生物学家能在职业生涯的上升阶段遇到一次古生物学上的大发现，是极大的幸运。对徐星而言，在辽西地区发现批羽恐龙就是他的幸运。

那么，我的幸运在哪里？琥珀包裹体会是我的机会吗？我手里拿着"天使之翼"，心中似乎已经有了答案。于是，我拨通了家里的电话，说服父母卖掉了老家的房子，然后和其他愿意支持我科研工作的亲戚一道，在潮州颐陶轩潮州窑博物馆之下成立了德煦古生物研究所，并把买回的所有标本都存放在这个非营利机构中，做正式的登记与管理。

2015年6月底，携着卖房的"巨款"，我心满意足地买回了大理的那枚鸟类琥珀。我给它取了个昵称为"罗斯"，源自美国情景喜剧《老友记》中的主角之一罗斯·盖勒，他也是一位古生物学家。

那时候的我完全没有想到，接下来的7月，才是我追猎琥珀的巅峰期。

## 小恐龙伊娃

邢立达
**恐龙手记**

2015年7月8日，密支那。

这一年缅甸的夏天特别炎热，才走上几步我就觉得口干舌燥，不得不回到酒店换上当地的服装——"笼基"筒裙，再返回外莫琥珀市场。

我走走看看，不时在熟悉的珀商摊位前逗留。一位商贩熟练地把摆在桌上的琥珀分成几类，然后一一向我介绍，有植物珀、虫珀、风景珀，还有其他杂七杂八的包裹体。我一般从看不懂的开始察看，说不定里面有一些具有研究价值的特殊包裹体。仔细看了半天，我揉了揉发酸的眼睛，却没收获什么有价值的发现。

为了维护与珀商的友好关系，我决定买几枚植物琥珀。我拿起植物珀中的一枚，里面是一朵五角形小花，这种花在缅甸琥珀中十分常见。"没什么特别之处。"我皱了皱眉头，把这枚琥珀放回去。

"你看看这枚，里面有一株狗尾巴草。"珀商递过来一枚小鸡蛋大的琥珀，"我给它起了个名字，叫蚂蚁上树。"他边说边指给我看，琥珀里果真有两只蚂蚁。那是一株蓬勃的"草"，两只蚂蚁凝固在草的旁边。

我接过琥珀，借着刺眼的阳光，用放大镜仔细察看了一番。

天哪！这哪里是植物，它明明是一个原始的羽毛结构，有明显的羽枝和羽轴，还有色素残留的痕迹，由深及浅地沿着椎体结构分布，层次分明。

而且，这个羽毛结构还呈现出之前未知的一些细节。之前在辽西页岩的恐龙化石中也发现过恐龙羽毛的印痕，但它们都是平面的，研究者很难推断出每根骨头上有多少羽毛，它们又是如何分布的。但我手中的这枚琥珀全然不同，它是立体的。那么，这个包裹着羽毛的条状物在晚白垩世只有两种可能：原始的古鸟类或者常见的小兽脚类恐龙。当时有没有鸟类长着这么长的尾巴呢？有，不过极少。

在强光下可以看到骨骼的轮廓（瑞安·麦凯勒/摄影）

　　这一连串的自问自答让我醍醐灌顶：这不就是我梦寐以求的非鸟恐龙琥珀吗？但我不敢表现出内心的狂喜。我的原则是，如果卖家告诉我这是什么，不管他说的是对还是错，我都尽可能不去附和或纠正；但如果对方问我这是什么，我也不会隐瞒。

　　我强作镇定："这是植物珀？"

　　"是植物！蚂蚁上树。"珀商相当笃定，"不少人都看过了。"

　　我点点头，把它还给珀商，又在其他几小堆里选了几枚，结账的时候我假装勉为其难地说："蚂蚁上树也还行，就一起拿了吧。"

　　我小心地收好琥珀，回酒店后立即收拾行李去了机场。候机时我忍不住给徐星老师打了个电话："徐老师，我在琥珀中找到了一个疑似非鸟恐龙的标本。"

　　"不会吧，这是真的吗？"徐星老师吃惊不已。

几天后，我一到北京就火速赶往中国科学院古脊椎动物与古人类研究所，将琥珀交到徐星老师手上。徐老师在显微镜下仔细观察了这个标本，慎重地对我说："羽毛非常原始，属于恐龙的可能性比较大。"这个标本的羽毛形状明显处于羽毛发生模型的初期，甚至比那些更接近鸟类的窃蛋龙、伤齿龙、驰龙类的羽毛还要古老。

那一刻，我感觉棒极了，好像达到了人生的巅峰。毕竟，恐龙研究者的最大梦想就是复原一只恐龙。这枚琥珀直接实现了我的这个愿望，让恐龙活灵活现地呈现在人们眼前。我给这枚琥珀起了个昵称，叫"伊娃"，用它向我的师母、菲利普教授的夫人——古植物学家伊娃·克珀霍丝致敬。

我想把这个快乐分享给更多的恐龙研究者，排在第一位的自然是菲利普教授。他知道后激动不已："我研究恐龙数十年，从未想过有朝一日能看到如此'新鲜'的恐龙。"他建议我和瑞安·麦凯勒合作开展研究，瑞安对琥珀和羽毛都有着丰富的研究经验。

2015年9月底，经过十几个小时的飞行和中途转机，我独自一人带着"天使之翼"、"罗斯"和"伊娃"，来到加拿大萨斯喀彻温省。尽管在加拿大生活过几年，但我发"萨斯喀彻温"这个词的音仍然是磕磕巴巴，后来我才发现聪明的华人都简称其为萨省。

萨斯喀彻温省的名字来自萨斯喀彻温河，源于克里族语中"快速流动的河"。作为加拿大的一个内陆省份，萨省的面积约为65.2万平方千米，而人口只有116万。这么说吧，它的面积是四川省泸州市的53倍左右，但两者的人口相差无几，所以萨省称得上地广人稀。这里只有夏天和冬天两个季节，夏季从5月下旬一直持续到9月下旬，气温保持在20摄氏度出头，舒适宜人；而冬天的萨省并不宜居。

"伊娃"标本（瑞安·麦凯勒/摄影）

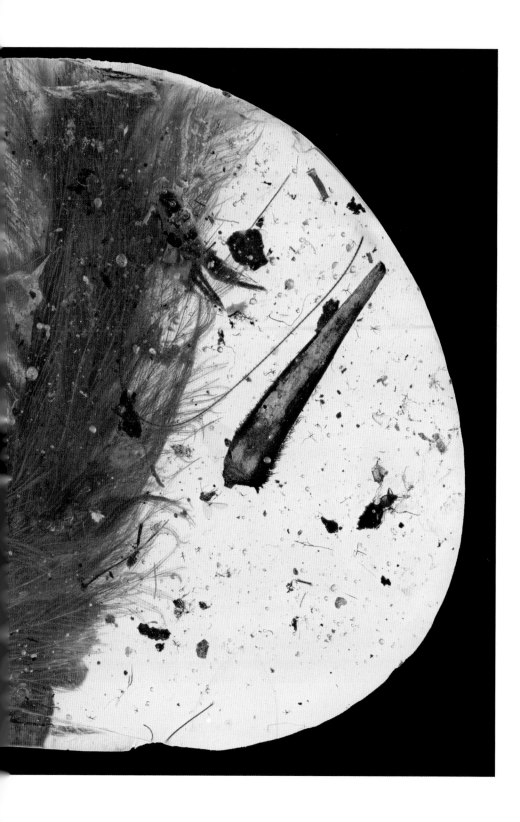

瑞安·麦凯勒在机场等着我，当看到我走出来时，他兴奋地一边挥手，一边叫着"立达，我在这里！"。瑞安的脸庞泛着红色，看上去似乎很激动，后来我才知道这是晒的，因为萨省的日照时间较长。

他开的是一辆保姆车，车上有儿童座椅、玩具和零食，有点儿杂乱。

"居家好男人啊！"我感叹说，想到自己时常不着家，心里备感惭愧。听到我的夸奖，他反倒不好意思了，解释说这是他妻子的车，家里开了一个迷你幼儿园，这辆车是日常接送小孩子用的。

瑞安只比我大1岁，但已经事业有成。我们知道，由于工作机会非常有限，古生物学专业的学生往往很难在毕业后找到合心意的科研工作。而瑞安刚一毕业就进入了萨省王家博物馆，不久又晋升为古无脊椎动物学部的管理者。萨省王家博物馆是一座相当优秀的博物馆，建于

瑞安·麦凯勒教授和邢立达（右）在加拿大萨省王家博物馆摄影工作站（邢立达／供图）

1906年，冠以"王家"头衔，历史悠久，是萨省也是加拿大的第一座省立博物馆。这里收藏着约1万只鸟类、6 000株植物、3 000只哺乳动物、300条鱼和爬行动物、10万只昆虫和近4万件化石标本。

瑞安能得到这么好的职位，离不开他的努力和不错的运气。还在读博的他于2011年在《科学》杂志上发表了一篇关于草山湖恐龙和鸟类羽毛琥珀的论文。这篇论文震惊了整个艾伯塔大学，要知道，博士生想在《自然》《科学》《细胞》三大刊上发表论文绝非易事。

一番亲切的寒暄之后，我对师兄"前半生"取得的辉煌成就表示了由衷的赞美。"那都是以前的事了。"瑞安摆出一副好汉不提当年勇的样子，顿了顿继续说，"其实我们在艾伯塔大学见过几次，但你可能对我没印象。我觉得中国人都长得很像，估计你也觉得外国人都长得差不多吧。"

"是吗？"我确实没什么印象了。

"是的，那时的我还很瘦。"瑞安找出当年的照片，"你看看，是不是比现在瘦一大圈，有没有想起来？你倒是没怎么变，还是这么胖！"

我有点儿尴尬，便岔开话题，问道："能让我看看那11枚著名的恐龙和鸟羽琥珀吗？"

"当然可以，我已经准备好了。"瑞安把我领到他的办公室，拿出一个小小的塑料盒，从中取出琥珀递给我，并叮嘱道，"仔细点儿，它们很小。"

"好，你就放心吧！"我满口答应着，心想这点儿职业素养我还是有的。可就在说这句话时，我完全没注意到琥珀已经在我手上了，还差点儿从指缝中掉下去，它们实在是太小太小了！

瑞安不好意思地说："是的，它们就是这么小，我们这里的琥珀可比缅甸琥珀差远了。"话虽如此，但这些枫糖色的小小琥珀碎块，可撑起了一篇重量级的论文，与其归功于瑞安运气好，不如说他在这些小碎块的研究上付出了艰辛的努力和汗水。

"接下来，让我们看看缅甸琥珀里的鸟和恐龙吧。"我边说边打开随身携带的小盒子。瑞安小心翼翼地将这几枚琥珀放在体视镜下，一个接一个地仔细观察。过了许久，他抬起头看着我说："立达，谢谢你，我想这就是我人生中的高光时刻了，这些标本一定会震惊世界。"

第十三章

揭开龙鸟的秘密

邢立达

恐龙手记

冷静下来后，我们很快就意识到，要摘取科学史上的桂冠，前方的道路还很漫长。

这些标本先会被质疑真伪。当然，这个问题很容易解决，UV（紫外线）光可以帮助我们。一致的荧光色证实，这些标本的各个部分都是原始材料，未经切割和改造，否则荧光反应就会出现差异。另一个更简单的办法是，古昆虫学家能从标本中观察到如今已经灭绝的昆虫，这是非常重要的直接证据。

但麻烦的是，我们不知道这三件标本的骨骼结构。它们都包裹在琥珀内部，而且被密实的羽毛覆盖着，如果在自然光源下用光学显微镜观察琥珀，就只能看到外表，而看不到琥珀的内部结构。这是因为可见光的波长长，穿透性差，而X射线的波长短，可以穿透物体看到其内部情况，所以探测琥珀的内含物只能使用X射线。不过，普通的X射线层析成像仪的成像灵敏度低，所获图像的衬度不高，可分辨的细节太少。也就是说，我们需要做高分辨率的扫描，才能看到里面的骨骼结构。

我的老朋友张巍巍又一次帮了大忙，经他介绍，我与中国科学院动物所的白明研究员、中国科学院高能物理研究所的黎刚研究员建立了合

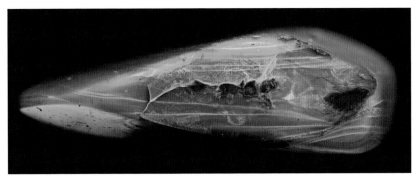

在荧光照片上可以清楚地看到琥珀的层纹（瑞安·麦凯勒／摄影）

作关系。白明提供了高分辨显微CT仪器，黎刚研究员则建议可以使用北京同步辐射装置（BSRF）和上海同步辐射装置（SSRF）。

扫描工作比我想的要复杂得多，也麻烦得多。这种麻烦既来自设备，也来自琥珀本身。

一般来说，考虑到时间和成本，我们先使用显微CT仪器，再使用同步辐射装置。这两种设备均使用X射线来探测琥珀内部结构，同步辐射光的相干性更强，显微CT仪器无法看清的地方可以用同步辐射装置来看。

扫描设备对标本的尺寸有严格的限制。对于较小的琥珀标本，我们可以先扫描整体再进行人工拼接。而对于较大的琥珀标本，则只能先分段扫描再进行人工拼接。有时候，软件、环境等因素会导致数据质量不高，这就需要重新扫描。一般情况下，扫描多次才能得到较为理想的高分辨率图像。扫描一套图像需要很长时间，但租用同步辐射装置却有时间限制，如果一次扫描不完就只能等下一次，常常一等就是半年乃至一年。

扫描工作完成后，会获得大量数据，接下来就是分析工作了。一套包裹体数据包括成千上万张的二维横截面图像，就像医院里的X射线片一样，我们要做的则是通过这些二维数据重建三维数据。在扫描人体或其他材质纯粹的物体时，软件的自动重建功能非常有用，可以大大地节约时间。但是，琥珀里往往有许多杂质。所以，如果我们需要某一处骨骼的图像，大多数时候都不能依赖软件的自动重建功能，而只能手动筛选。这是一个非常耗时的过程，一件标本拼接大半年以上是常态。

2015年，在黎刚的主导下，我们用同步辐射X射线相衬层析成像技术（SRX-PC-CT），对琥珀化石进行了多尺度、多分辨率、高密度和高灵敏度的3D无损成像。这种成像方法所使用的同步辐射光源，提供了具有良好空间相干性的X射线，并进行了相衬成像，在保持X射线的高穿透性的同时大大提高了扫描的密度和灵敏度。

此后，经过对图像的层析重建、数据的自动和手动分割、分段拼接和3D重构，我们得到了被羽毛和琥珀包裹着的骨骼化石的高清3D图像。至此，我们终于可以透过皮肉，看到这三件标本内的骨头了。我多年的至交、台北市立大学运动能力分析实验室的曾国维教授，还帮我把这些数据利用3D打印技术打印成大比例的骨骼模型，更加方便了我们开展研究。

这些标本中保存最好的是天使之翼，其重建后的骨骼非常清晰，两个硕大的指爪看上去寒光凛凛，让我瞬间想到了现生的麝雉（*Opisthocomus hoazin*）。麝雉生活在南美洲的亚马孙河流域，它们的雏鸟翅膀上也有

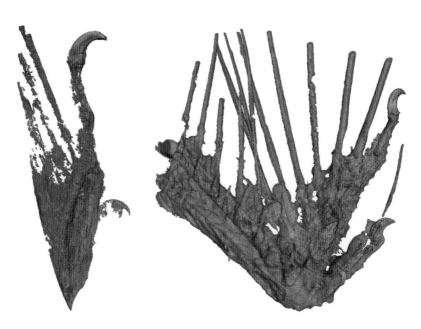

罗斯（左）和天使之翼（右）两枚标本的同步辐射图像（瑞安·麦凯勒／摄影）

两只指爪，令人联想到古鸟类，但这并不是什么原始的特征，而是一种对攀缘生活的适应性演化。在遇到危险时，雏鸟会躲入水中以摆脱掠食者，等到安全时再用指爪爬树回到巢中。大多数时候，指爪在雏鸟长大换毛后会自动脱落。而绝大多数白垩纪反鸟类的翅膀上都有指爪。

经过一年的研究，相关成果陆续发表。最先面世的是关于天使之翼和罗斯的研究成果。2016年6月29日，我与瑞安领衔的、由来自中国、加拿大、英国、美国等多国的古生物学家和昆虫学家组成的研究团队在北京宣布，我们发现了有史以来第一批鸟类琥珀，人类第一次有机会目睹恐龙时代古鸟类的样子，这震动了古生物学界。我们的这篇论文发表在《自然通讯》上。

此次发现的难得之处在于，此前我们对白垩纪鸟类的了解仅限于化石记录，虽然中国辽宁等地细腻的沉积岩保存了恐龙羽毛的印痕等细节，但琥珀中的古鸟类标本则直接来自动物本身。而且，由于没有经过化石化作用，所以这些标本保存完好，具有与其生前几乎无异的细节。对研究古生物演化的科学工作者而言，这些材料是求之不得的。

天使之翼和罗斯标本中的物体分别是鸟的翅膀和部分软组织。这两个标本都很小，天使之翼展开后为18毫米，罗斯为12毫米。极小的尺寸、骨骼的发育情况和指爪的比例，都表明它们是早熟性的幼鸟。从重建的骨骼模型看，这两件鸟类标本的骨骼形态、比例和羽毛特征大致相似，均属

天使之翼标本的羽枝和羽小枝（瑞安·麦凯勒/摄影）

于典型的反鸟类。它们暂时可归类为同一物种，但发育后的成体可能会有很大的不同。

这些反鸟类幼鸟标本已经具有了现代鸟类的羽毛类型，让我们可以从细微的角度去观察反鸟类幼鸟的羽毛生长方式、鸟翼骨骼形态学，以及羽囊、羽区和裸区等，

天使之翼标本的羽小枝互锁，形成了密闭、完整的羽片（瑞安·麦凯勒/摄影）

这些细节都是前所未见的。天使之翼标本保存情况较好，包括桡骨、尺骨、掌骨、指区和多种不同形态的羽毛。手指共3根，指骨排列方式为2–3–1，明显区别于三指型非鸟兽脚类的指骨排列方式（2–3–4）。标本中的羽毛包括9根高度不对称的初级飞羽，还有5根次级飞羽的基干部分。小翼指有3根羽毛，形态区别于前述的羽毛。此外，还有至少3排廓羽。

天使之翼标本的羽毛有不同的颜色模式（瑞安·麦凯勒/摄影）

虽然两件标本的翅膀乍一看都接近黑色，但在各种光照条件下进行宏观和微观观察之后，我们可以看到天使之翼是以黑色为主的胡桃色，而罗斯的大部分区域则呈现出更深的棕黑色。两件标本的廓羽颜色从浅棕色逐渐过渡到银色或白色。

除了颜色，我对天使之

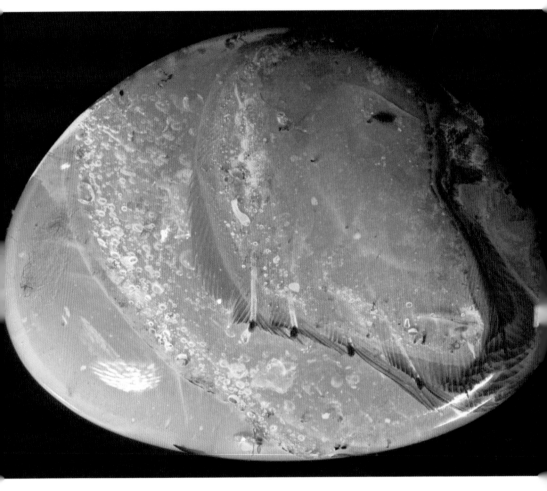

天使之翼标本的荧光图像（瑞安·麦凯勒 / 摄影）

琥珀篇

罗斯标本的指爪（瑞安·麦凯勒/摄影）

翼和罗斯这两只幼鸟的状态也很好奇。鸟类的早成性与晚成性相对，是一种有趣的现象。你见过刚出壳的小鸡和小麻雀吗？小鸡刚出壳时身体披有绒羽，两眼睁开，2~3小时后绒羽变干，可以自己站立起来，也能初步自行调节体温。不久后，它们便可以追随母鸡外出觅食。小麻雀刚出壳时，头和肚子很大，翅膀较小，腿脚细弱，全身几近裸露，只有背部有少量绒羽，双眼紧闭，张口时口缘呈鲜黄色。它们不能自行站立和调节体温，需要留在巢内由

天使之翼标本的复原图（张宗达/绘图）

亲鸟喂食16天左右，直到体表长满羽毛，它们眼睛睁开，腿脚有力，翅膀长大，才能飞离鸟巢到附近活动和觅食。在这两个例子中，小鸡是早成雏，而小麻雀是晚成雏。大多数陆生禽、游禽的雏鸟都属于早成雏，比如麝雉、雉鸡、丹顶鹤和鸭类。其他鸟类的雏鸟则属于晚成雏，比如家鸽、燕子和老鹰等。"天使之翼"和"罗斯"这两只幼鸟虽然很小，但它们的羽毛已经完全发育，这是一种幼鸟中存在的早成性或超早成性现象，它意味着这两只幼鸟出壳后很快便能独立觅食。

不过，这两只幼鸟显然没有撑到成年。它们遭遇了什么？这也是一个有趣的问题。瑞安观察到，天使之翼的爪子附近有双向爪痕，这表明它挣扎过。我们还可以研究它的尸体现象，该标本的裸区暴露出一个个尸蜡泡。尸蜡是尸体皮下脂肪组织因皂化作用或氢化作用而形成的黄白色或灰白色的蜡样物质。皂化作用是一种在低温潮湿、缺氧的环境下才会发生的生物化学变化，树脂内的埋藏环境符合其要求。由于树脂密度高，这些尸蜡无法轻易排出，硬往外挤的结果就是形成了一个个泡泡。也就是说，天使之翼标本至少在被树脂包裹时还活着，其大部分腐败过程都是在无氧环境

天使之翼标本、人类手指与复原图的同比例对比（邢立达/摄影，刘毅/绘制复原图）

天使之翼标本内充满了尸蜡泡（瑞安·麦凯勒/摄影）

中发生的。罗斯标本则没有这类特征，这说明它很可能来自一具尸体，而且在接触树脂前就已经腐败。琥珀内没有大量腐败物和挣扎痕迹，也可能是某种行为的结果，掠食者撕下了罗斯的翅膀却没有食用，而是丢在一旁。

从某种意义上讲，天使之翼和罗斯是世界上最小的恐龙，体长只有3.5厘米。标本表明，反鸟类可能已经具有现生鸟类的大部分羽毛类型，而且羽毛的排列方式、颜色和微结构也与现生鸟类非常相似。这是我们首次在如此多的细节上了解反鸟类。

同样的研究手段也被应用于恐龙伊娃。2016年12月9日，由我与瑞安领衔的研究团队在北京发布了有史以来的第一件恐龙琥珀，相关论文发表在爱思唯尔出版集团细胞出版社旗下的《当代生物学》杂志上。

一时间，媒体为之沸腾，这一发现也跻身2016年全球最受媒体和公众关注及讨论的科学研究之列。有一个统计指标可以作为辅证，这篇论文发表的一周后，也就是12月16日，它的选择性计量指数（Altmetric，国外很多出版和信息机构用于对科学论文学术影响力进行实时监测与评价的指标）达到3 864，在该指数统计的2016年全球发表的270万篇科技文章中排名第六，在该指数统计的123 822篇同期文章中排名第二，在《当代生物学》杂志被选择性计量学统计的所有文章中排名第一。

前文介绍过，伊娃标本的尺寸非常小，而这段毛茸茸的尾巴却至少包括9节尾椎。依据尾椎和它们之间的关节状态，我们可以推断出，这只非鸟恐龙的尾部长且灵活。这些尾椎没有融合成尾综骨或棍状尾，尾综骨常见于现生鸟类，棍状尾则常见于伊娃的兽脚类亲戚，比如驰龙类。

虽然我们使用了同步辐射装置，但隐藏在羽毛内部的尾椎形态仍看不太清晰。这很可能是因为标本死亡后脱水干化，导致一些软组织和骨骼的密度之间差异较小。在不断优化数据之后，我们还是得到了些许线索，可以据此做出一定程度的形态学鉴定。从尾椎形态看，它与典型的非鸟虚骨龙类恐龙（coelurosaurs）类似，但有别于典型的古鸟类；从羽毛看，标本可归为基干手盗龙类（maniraptorans）。

手盗龙类是虚骨龙类的一个演化支，它们有着细长的手臂、半月形的腕骨和三指形的手掌，主要包括阿瓦拉慈龙科、窃蛋龙下目、镰刀龙下目、恐爪龙下目和鸟类等，它们的一个共同特征是拥有能够折叠的手掌。手盗龙类中不乏一些非常小的个体，比如生活在1.6亿年前的中国华北的近鸟龙。近鸟龙的体长仅为34厘米，重约110克，是一种拥有飞羽的小型恐龙。伊娃标本的尺寸与近鸟龙较为接近。此外，伊娃标本尾

伊娃标本的低角度特写（瑞安·麦凯勒／摄影）

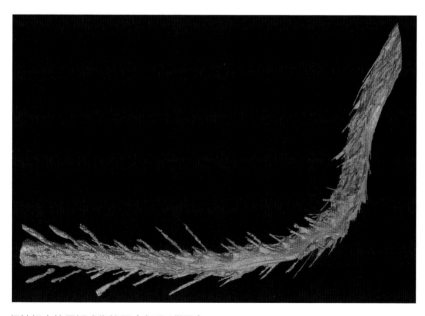

伊娃标本的层析成像结果（白明／供图）

椎腹侧明显的沟槽结构和许多虚骨龙类相似，但目前并未在长尾鸟类中发现这种结构。从伊娃的展开后长约6厘米的尾巴推断，其体长为18.5厘米。但是，基于标本骨骼的保存状态，我们无法判断伊娃标本到底是幼年个体还是成年个体。

　　至于伊娃的死因，目前我们也无法断定，自然死亡或被掠食者捕杀的可能性都存在，还需要做进一步的研究。从琥珀看，伊娃标本没有挣扎的痕迹，也没有明显的皂化外观，这表明它很可能在被树脂包裹前就已经死了。但标本没有明显的腐败特征，这说明它可能刚死不久，是一具较为新鲜的遗骸。

　　无论这只小恐龙是何时以及为何死去的，它都给今天的我们留下了宝贵的遗产——它尾巴上被琥珀妥善保存下来的羽毛。首先是它的整体颜色，虽然这件标本乍一看接近黑色，但在适宜的光照条件下，我们会发现标本背面有栗棕色的羽毛，而腹面的羽毛则是苍白或白色的。这

小恐龙伊娃复原图（张宗达／绘图）

种上深下浅的保护色被称为
"反荫蔽"，在一些恐龙（比
如鹦鹉嘴龙）以及许多现生
动物身上都存在这种现象。

其次是它的羽毛形态，
伊娃标本的羽毛沿着尾椎有
规律地分布，看上去毛茸茸
的。这个标本也保存了精致
的羽毛形态学细节，包括尾
部羽毛与羽囊的排列方式，
以及多个微米级特征。我和
瑞安最关注的是，伊娃的羽
毛都具有纤细的羽轴、交替
的羽枝和均匀连续的羽小
枝。也就是说，这些羽毛没
有发达的羽轴，羽轴中远端
的直径和附近的羽枝很相
似。这为羽毛发育模型中的
一个悬而不决的问题——羽
小枝和羽轴谁先演化出来
（阶段3）——提供了重要
线索。伊娃的羽毛表明，羽
枝融合成羽轴时已具有羽小
枝，换句话说，羽枝和羽小

伊娃标本尾巴基部特写（瑞安·麦凯勒/摄影）

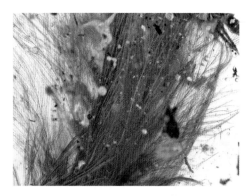

伊娃标本尾巴中部特写（瑞安·麦凯勒/摄影）

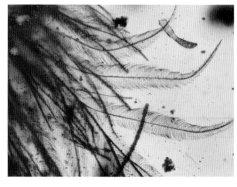

伊娃标本羽小枝特写（瑞安·麦凯勒/摄影）

枝在鸟类演化出羽轴之前就已经出现了，即阶段3b先于阶段3a。从羽毛演化角度看，伊娃标本更原始一些，介于似鸟龙类与尾羽龙类之间，而且它们完全不具备飞行功能，主要作用应该是保暖。

最后，研究团队的重要成员黎刚还通过同步辐射X射线荧光成像，获得了标本断面的微量元素分布图，其中钛、锗、锰、铁等元素的分布与标本的形态吻合度很高，蕴含着丰富的埋藏学信息。伊娃标本的断面有高度密集的铁元素，X射线近边吸收结构谱分析表明，其中80%以上的铁元素为二价铁，属于血红蛋白和铁蛋白的痕迹。这说明标本原来更大、更完整，但在挖掘时被矿工打碎了，才露出了如此新鲜的茬口。

这篇论文的火爆程度远超我和瑞安的预期。很多人都发出了这样的惊叹：原来恐龙也有羽毛啊！说实话，这让我们觉得有点儿难堪，因为这根本就不是我们关注的新闻点。但这也表明，人们对恐龙的传统印象

伊娃标本羽枝特写（瑞安·麦凯勒 / 供图）

是多么根深蒂固。让大家接受毛茸茸的恐龙形象，确实不容易。

还有一个问题是几乎每家媒体都会问到的：我们能不能复活这只小恐龙？很遗憾，从百万年以上的化石中提取DNA是不可能做到的。不过关于这个问题，科学界的观点有过反复。

20世纪80年代，多个实验室发表研究结果称，可以从琥珀中提取出DNA，一时间引发了无限遐想。当时人们认为，树脂令被包裹的组织快速脱水，极大地抑制了细菌和真菌对生物尸体的分解，一些保存完好的琥珀化石中甚至能见到亚细胞结构，于是就有了保存DNA的猜测。克莱顿创作《侏罗纪公园》，正是受到了这些研究结果的启发。事实上，这些DNA测试的结果后来都无法成功复现，经过仔细检查，研究者发现所提取的DNA几乎都是现代的，只是污染产物。今天我们认为，那些测试结果是早期PCR（聚合酶链式反应）的技术缺陷所致。即使有DNA留存至今，也肯定断裂成短链了，但早期扩增DNA严重偏向于长链，只需痕量长链DNA污染就会导致假结果。而改进技术之后的检测则找不到任何DNA。

科学家也重新研究了DNA的衰退速率。他们以新西兰的恐鸟骨头为研究材料，该鸟类大概在15世纪前后灭绝，这批骨头的年龄为600~8 000年，保存条件几乎相同，就连温度也近乎恒定（13.1摄氏度）。科学家在计算后指出DNA的半衰期约为521年，换句话说，每过521年，脱氧核苷酸之间的化学键就会断裂一半。就算在零下5摄氏度的理想条件下，最多经过680万年，这些化学键就会分解得一个也不剩。其实根本不用等那么久，因为可能只要150万年，这些化学键就会破碎得无法提供有意义的信息了。

也就是说，对于年龄近1亿年的缅甸琥珀标本，即便使用超高灵敏的新一代DNA测序技术，也不可能获得有价值的DNA片段。所以电影《侏罗纪公园》中的恐龙复活场景目前只能停留在科幻世界中，想依靠琥珀复活远古生物是不可能的。但是，人们还在不断尝试，既然核酸不行，那么其他大分子呢？

学者发现，即使像木质素、纤维素和几丁质（一种含氮的多糖，广泛存在于甲壳类动物的外壳、昆虫的甲壳和真菌的胞壁中）这样结实的大分子，在琥珀中也只能存在几万年至几十万年。关于一些年龄为2 000万年的多米尼加琥珀的研究表明，这些结实的大分子经过如此漫长的时间也早已面目全非。虽然琥珀坚硬的外壳能够阻止生物组织坍塌和破坏结构，但树脂分子本身依然可以借助硫基团和生物分子发生各种反应。

那么，古蛋白呢？古蛋白指在生物体遗存或者化石中保存的蛋白质。蛋白质相较DNA要稳定得多，特别是组成皮肤衍生物的角蛋白和肌腱、韧带、骨骼肌等结缔组织中的胶原蛋白，它们都是非常稳定的大分子有机物。琥珀的形成，往往是树脂在无氧环境下迅速包裹生物的过程，因此琥珀中很有可能残存了多种蛋白质成分。目前，古蛋白分析是一个处于快速发展时期的研究领域。德国波恩大学的维多利亚·麦科伊等学者于2019年从两个缅甸琥珀的羽毛包裹体中提取出氨基酸。羽毛样本的氨基酸含量很低，说明许多原始氨基酸在化石化的过程中发生了降解或者丢失了。他们的研究结果表明，琥珀内独特的化石化环境具备一定的古氨基酸和古蛋白的恢复潜力。

第十四章

## 琥珀色小鸟

## 比龙

鸟类是世界上生物多样性最为丰富的脊椎动物之一，大约有10 500个种。在近1.5亿年的漫长演化历史中，鸟类经历了白垩纪和新生代的两次辐射演化（一个物种一旦获得某种关键特征，就获得了打开自然界中不同生态区位大门的钥匙，从而涌现出大量新特征和新物种）。其中，白垩纪是鸟类演化的重要阶段，记录了鸟类如何从恐龙演化而来的过程。

从系统分类看，天使之翼和罗斯都属于反鸟类。反鸟类到底指什么？反鸟类和今鸟类是鸟类演化的两个主要谱系，形成了中生代鸟类中进步的、有主动飞行能力的两大姊妹类群。今天飞翔在我们房前屋后的小鸟就属于今鸟类。

反鸟类出现在白垩纪，灭绝于白垩纪末期，是中生代鸟类中最繁盛的一个类群，也是鸟类演化中第一支成功实现全球性辐射的类群。1981年，英国鸟类学家C. A. 沃克研究了来自阿根廷萨尔塔省伊不瑞特地区的一批晚白垩世的鸟类骨骼化石，他发现这些鸟类骨骼的形态比较特别，便将其命名为反鸟类（Enantiornithine）。

反鸟类的骨骼相对原始且十分特化（特化是由一般到特殊的生物进化方式），它们的肩胛骨与乌喙骨的关节方式与现生鸟类恰好相反。具体来说，反鸟类的乌喙骨凸出，而与其相关节的肩胛骨则下凹，它们共同组成的肱骨关节面向下，现生鸟类肩带骨骼的组合则与之相反，肱骨关节面向上。这个形态特点实在太奇怪了，无法被归入当时已经存在的三个鸟类分类单位（始祖鸟亚纲、齿鸟亚纲和今鸟亚纲），所以只能单独命名，这一特点也成为确定反鸟类的主要鉴别特征。

反鸟类的其他特征还包括：背椎与肋骨的关节在椎体中部；尾综骨前端分叉，从侧面看呈剑形；肩胛骨短而直，后端变尖；乌喙骨外侧缘凸起，背面凹；叉骨呈Y形，有一叉骨下突；第三掌骨比第二掌骨长，第二指骨的第一指节呈棒状；后肢的第二跗跖骨粗壮，第三跗跖骨最长，第四跗跖骨细弱。此外，反鸟类仍保留了很多原始的骨骼特征，比如，具有原始结构的头骨；牙齿较多；胸骨的长度和宽度基本相同，前缘呈半圆形，龙骨突从中部向后延伸；前肢的腕掌骨仅在近端愈合或不愈合；前肢肱骨前缘平直或凹陷；跗跖骨仅于近端愈合，等等。

一开始，反鸟特指在阿根廷发现的一种晚白垩世的古鸟类，后来科学家发现了越来越多有类似形态的鸟类，它们可以组成一个分类，便有了反鸟类。反鸟类在不同地域的发现，表明其足迹的地理分布遍及美洲、欧洲、亚洲和澳洲，是中生代古鸟类分布范围较宽广的一大类群。在中国辽宁西部地区发现的丰富鸟类化石中，多半都属于反鸟类，比如华夏鸟（*Cathayonis*）、波罗赤鸟（*Boluochia*）、长翼鸟（*Longipteryx*）、原羽鸟（*Protopteryx*）等。

研究反鸟类对于我们了解鸟类的早期演化过程具有重要意义。反鸟类一出现在早白垩世，就非常特化了。它们在很短的时间里完成了身体由大到小的蜕变，以及对树栖和飞行的良好适应，可能是当时的鸟类群落中飞行能力最强的一种。也就是说，当其他恐龙或鸟类还在为飞行而进行爬树或短距离滑翔的练习时，反鸟已经是体态轻盈、善于飞行的鸟类了。反鸟类飞行能力的不断加强，使得晚白垩世的个体逐渐变大，但在白垩纪最末期的大灭绝中，反鸟类和恐龙一道消失了，至今这仍是一个未解之谜。

天使之翼和罗斯打开了古生物学界研究琥珀中反鸟类包裹体的第一扇门。我们能不能遇到更加完整的反鸟类呢？能，而且也是在2015年。

不得不说，2015年真是一个奇妙的年份！在缅甸野外探索即将收官的一个深夜，阿文急匆匆地走过来对我说："密支那市场上有人在兜售一只恐龙脚，你想看看吗？"

"当然想！"

生怕落后于其他琥珀猎手，我和阿文匆匆打包行李，背上沉重的岩样，于次日返回到密支那，然后直奔城郊的外莫市场。外莫市场是当地最大的琥珀集散地，几乎每天都有琥珀商人聚集在市场的咖啡馆里，他们弯着腰低着头，用强光手电照射着一块块琥珀原石，仔细察看其中的包裹体，琢磨着可能的售价。

在外莫市场的一家快捷宾馆中，桑奥正在等待我们的到来。桑奥当时48岁，是缅甸虫珀界响当当的人物，因为他手上有种类丰富的虫珀，被称为缅甸"虫王"。他的崛起是因为略懂英文，而且率先掌握了一些昆虫包裹体的鉴定知识，通过集中征收分散珀商的货，他可以把更多的货卖给更多的买家。但是，这个购销体系在他2017年4月15日因脑出血意外去世之后便土崩瓦解了。

桑奥见到我很开心，随即打开土黄色的草纸包，取出了那只"恐龙脚"。我接过这枚两厘米大小的琥珀，其中的包裹体在强光下显示出肉嘟嘟的脚趾。但在放大镜下，这只"恐龙脚"的解剖结构和鳞片细节却是乱糟糟的一团，毫无规律可循。我狂跳的心平静下来，翻过琥珀的另一面，明显的外露证实了我的判断，这是一枚假琥珀。商家用雕刻设备先在琥珀原石上开一个小口，再在里面雕刻出包裹体的形状。造假者往往会选择仿冒极罕见或极热门的物种，而且一开口就是天价。

在我失望之余，桑奥对我说："我曾经卖过一个鸟爪给一位中国朋友，不是蜥蜴的五趾，也不是青蛙的四趾，而是三趾！它通体金黄色，漂亮极了！"见惯了缅甸人的故弄玄虚，我并不太在意，只是叮嘱当地朋友帮我打听一下这个神秘鸟爪的信息，就回北京了。

没想到，那枚神秘的鸟爪琥珀在几个月后竟然有了下落。

2015年9月30日，一位朋友告诉我，这枚鸟爪琥珀是琥珀大商家陈光先生的藏品。陈光当时任腾冲市琥珀协会会长，是腾冲琥珀商圈的传奇人物。

陈光出生于福建省长乐市。1992年，22岁的陈光到日本淘金，一去就是8年。秉持着福建人特有的"爱拼才会赢"的精神，回国后的陈光投身于服装行业。2008年，他认识了一位来自缅甸的女士，她后来成了陈光的太太。陈光开始在缅甸推广他的服装品牌，生意最好的时候，他在仰光开设了12家品牌连锁店。而陈光和琥珀的缘分是通过他的岳母宽娅结下的。2010年，宽娅女士敏锐地发现不少缅甸人都靠琥珀贸易发家致富了，便让陈光了解下情况。没想到，陈光因此发现了巨大的商机，他判断缅甸琥珀正处于国际市场的最低价位，其市场潜力巨大。于是，陈光放下服装生意，全心全意来到腾冲经营缅甸琥珀。2011年他成立了琥珀旗舰店"虎魄阁"，并在缅甸承包琥珀矿，获得了丰富的一手货源，很快便成为腾冲琥珀市场上最大的商家。从缅甸矿区到腾冲市场，陈光拥有一条完整的产销链，很快就成了腾冲琥珀业的大人物。

虽然和腾冲的珀商打过很多交道，但我并没有和大商家合作过。我虽然听过陈光先生的许多故事，但并不认识他。我通过微信做了自我介绍，并告诉他我的科研团队对他的"黄金鸟爪"非常感兴趣，希望他能够割爱。我同他前后沟通了3个月，陈光先生在了解到琥珀包裹体对揭示生物演化有很大的帮助之后，对"黄金鸟爪"究竟来自什么鸟类产生了浓厚的兴趣，并表示愿意以收购时的价格把它转让给我们实验室。

不过，就在交易的最后一刻，陈夫人提出了一个更有想象空间的合

陈光先生（陈光／供图）

作方案："这么罕见的标本可遇而不可求，我们可以先借给你研究，之后，我们何不创办一个博物馆来展示它呢？"相比放在我的单位，把标本放在博物馆里向世人展示当然意义更大，我当即表示赞同。

2015年11月27日，中国国际珠宝展在北京开幕的前一天，陈光将这枚琥珀带到了北京。在宾馆里，我打开一团湿答答的棉布，露出一大块被切成两半的琥珀，"黄金鸟爪"就在其中一半里。

"好大的琥珀！"见惯了小琥珀的我对这枚长约9厘米、有小孩手掌大的琥珀发出了感叹。虽然琥珀为古生物提供了无与伦比的保存条件，但它最大的缺陷是，所能容纳的包裹物大小受到严格的限制，所以完整的大个体脊椎动物在琥珀中极为少见。

当我将标本放在放大镜下观察时，三个硕大的金色脚趾令我心跳加速、血脉偾张。不同于那些假标本，这只动物脚上的鳞片乃至鳞片之间的细小毛发都纤毫毕现。另一个较小的脚趾从三个大脚趾的背面形成对握结构，这是典型的树栖动物才会有的特征。而在遥远的白垩纪，拥有

比龙标本（陈海滢 / 摄影）

这种特征的动物则只有古鸟类和恐龙。也就是说，我眼前的标本确实不是常见的蜥蜴爪，而是一只1亿年前的飞行动物的大脚——树脂将其封存了1亿年。

在此前未见过的另一半琥珀中，看到了一些残留的羽毛。"这是怎么回事？"我迷惑不解地问道。

"珀农看到了爪子，想把它切割成一个龙牌挂坠，这是第一刀。"陈光指着两块琥珀的分界线答道，"但我觉得应该让每块琥珀都保持它最原始的样子，我欣赏的正是这种美。也不知道这半块对你有没有用，就一起带来了。"

"当然有用，里面有羽毛呢！"我马上回应道。我们当时都不知道，陈光这个有些浪漫的决定，会给科研工作带来多大的惊喜。

相比我的激动，陈光显得很冷静。业外人对科学研究的流程和细节不甚熟悉，同样地，陈光对我要做什么研究也不是很了解，对出借这件标本持谨慎态度。这自然无可厚非，那时的我只是一个默默无闻的学子，把一件价格高昂的琥珀平白交给一个陌生人，这需要莫大的决心和勇气。作为合作的保障，我和陈光签订了一份书面协议，我承诺不会打磨或切割琥珀，给标本做完显微CT扫描后即刻归还给他。

就这样，标本被连夜送往中国科学院动物研究所，交给白明研究员做扫描。然而，这枚琥珀的尺寸太大，即使把显微CT仪器的能量值调到最大，X射线还是无法穿透标本，技术人员忙活了半天也无法成像。为此我不得不向陈光解释和提出请求，希望可以多借一段时间。让我感动的是，陈光一口就答应下来，并对我说："我信任你，只要有需要，多借几次都可以，但你要确保标本的安全。"这份信任让我至今难以忘怀。

一波未平，一波又起。

"立达，这个琥珀里的标本好像还有些奇怪的地方。"第二天夜里，我的手机突然响了起来，是白明打来的。"动物脚部的骨头是破碎的，我看几乎没有重建的可能。"

听到这里，我的心情一下子跌到了谷底。对专注于骨骼形态的古生物学研究而言，这是一种非常令人遗憾的情况，它意味着我们无法将这只动物的形态与它的同类做对比。这种情况在琥珀中时有出现，

比龙标本的一对鸟足（陈海滢 / 摄影）

树脂在变成琥珀前，由表及里都是柔软的，它里面包裹着的骨骼就会在外力作用下发生移位、变形和破碎。就好比把一片蛋壳放在一团面粉里，在面团被揉捏的过程中，裹在其中的蛋壳很容易破裂。

"但是，我整体扫描了这枚琥珀，"白明的声音难掩激动，也带着些许不确定，"里面好像还有更多骨头，远不止这对脚。可能是因为骨头的颜色与琥珀的棕黄色接近，所以肉眼几乎看不出来。"

什么？更多的骨头！我被这个戏剧性转折刺激得一夜未眠。第二天，在实验室里，我们发现在差点儿被珀农丢掉的另一半琥珀中，肉眼可见的羽毛其实是一只翅膀，扫描的结果更是出人意料地还包括一段脖子和一个小脑袋！而且，它没有属于恐龙的长尾巴，很可能是一只来自白垩纪的小鸟。这只1亿年前的小鸟近乎完整地被包裹在琥珀中，它的头部、颈椎、翅膀、脚部、尾部以及大量的软组织和皮肤结构都在，

比龙标本的翅膀（陈海滢／摄影）

而这些是传统化石不可能保留的细节，为古鸟类研究提供了千载难逢的材料。

经过详细的研究，2017年6月，我们团队在《冈瓦纳研究》发表了关于这件标本的论文。跟此前零散的羽毛和翅膀标本不同，"黄金鸟爪"代表的是一只出生只有几周的反鸟类雏鸟。陈夫人还给这件标本起了一个昵称叫"比龙"，它是缅甸的一种琥珀色小鸟（小云雀）的当地读音。

小鸟比龙被包裹在约9厘米长的珀体中，它体型娇小，从吻部到尾巴末端的长度约为6厘米。它生活在缅甸北部潮湿的热带环境中，不幸被柏类或南洋杉类针叶树流下的树脂包裹，在漫长的地质年代里演变成琥珀，并保存至今。

比龙标本保存得非常好，约2厘米长的金黄色鸟足尤其醒目。在标本的头部、颈椎、翅膀、脚部和尾部，大量的软组织和皮肤结构清晰可见。除了各种形态的羽毛之外，还包括裸露的耳朵、眼睑和跗骨上极具细节的鳞片，研究者甚至发现了尾羽的残骸。

对研究者来说，标本中的骨骼形态学信息越多，越有助于判断动物的分类。借助扫描数据，我们能看到比龙的很多骨骼细节：前颌骨非常短，约占喙部的1/3，上面还有明显的牙齿；至少保存了6节互相铰接的颈椎，包括寰椎和枢椎；远端趾节较长，这是树栖鸟类才有的特征，而地栖鸟类的近端趾节较长。比龙脚上有J形的第一跖骨，以及比第二和第三跖骨薄的第四跖骨，跗骨和跖骨没有愈合，再结合鞍形椎体的颈椎等骨骼形态，我们可以将它归入反鸟类。它的中间骨与距骨/跟骨之间，这些骨头与胫骨之间，以及跗骨远端与距骨近端之间都没有愈合，这些骨骼特征表明比龙的年龄很小，还是一只雏鸟。该标本的奇怪之处在于缺失了背椎和腰部，具体原因未知，或许是因为背椎和腰部没有被树脂包裹住而被食腐动物吃掉了。这枚琥珀虽然保存了大量重要信息，但并没有什么独特之处，我们只能推测它属于反鸟类，却无法细化到具体属种。

羽毛形态是此次研究的重点之一。比龙标本保留着迄今最完整的白垩纪古鸟类雏鸟的羽毛和皮肤，细节信息包括羽序、羽毛的结构和色素特征等。雏鸟出壳之后身上有一层雏绒羽，几天后开始换羽，即长出稚羽。比龙正处于这样一个阶段，它的雏绒羽和稚羽可以与传统化石标本上的羽毛印痕或缅甸琥珀中的孤立羽毛做对比研究。

比龙标本骨骼复原图（张宗达／绘图）

比龙标本羽毛特写之一（陈海滢 / 摄影）

不同于任何刚出壳的现生雏鸟，比龙标本的羽毛具有不同寻常的早成性和晚成性相混合的特征，既有像早成雏那样的功能性飞羽，也有像晚成雏那样零散的绒羽。此外，比龙的腿部、足部和尾部的羽毛形态也不寻常，暗示着与现生鸟类相比，反鸟类的新羽可能更接近现生鸟类的廓羽。具体来说，比龙的新羽有两种形态：第一种与现生鸟类的绒羽相匹配，具有轮廓不清的羽轴、柔韧的羽枝和绒状的细长羽小枝；第二种有短的羽轴和扁平、廓状的羽枝系列，这些羽枝还带有羽小枝，可归为廓羽类。此外，不少区域也保存着丝状羽，类似于兽脚类的原始羽毛，比如零星分布于脚趾背面和侧面的角质鳞丝状羽。而所有这些细节都是我们之前不知道的。基于比龙标本的羽毛和骨骼状态，我们确定，这只反鸟类雏鸟处于其生命的最初几周。

　　这件标本还有一点令我好奇。比龙标本呈现出一种酷似捕猎的姿

比龙标本羽毛特写之二（陈海滢／摄影）

比龙标本复原图（张宗达／绘图）

态：身体抬起，爪子和嘴巴张开，翅膀后掠。这样的死亡姿态令它的死因更加引人遐想，它是在捕猎的时候被恰好滴落的树脂裹住了吗？很可能不是，如果动物在被树脂裹住时还是活体，琥珀中就会出现不少尸蜡泡，就像天使之翼标本那样，而比龙标本的尸蜡泡非常少。比龙也没有表现出明显的挣扎迹象，这暗示着比龙在被树脂包裹时就已经死了。

　　总体而言，比龙是目前在缅甸琥珀中发现的最完整的古鸟类标本，它是一只才出生数周的反鸟类雏鸟。琥珀的特异性使这件标本具备了史上最丰富的雏鸟骨骼与软组织细节，为我们了解反鸟类和今鸟类在发育上的显著差异提供了新的证据。

第十五章

缤纷鸟世界

邢立达
恐龙手记

从天使之翼、罗斯到比龙，通过琥珀，我们对反鸟类微观结构的认识达到了一个新的高度。然而，这只是反鸟类琥珀大冒险的开始。从2018年起，我们团队陆续发表了关于"煎饼鸟""丑小爪""泡泡爪"标本的论文。2019年，我们首次命名了琥珀中的古鸟类——琥珀鸟（*Elektorornis*）。这些标本各有特征，让我们按时间顺序一一介绍它们。

关于煎饼鸟标本的论文于2018年2月2日以封面文章的形式，发表在中国顶级学术刊物《科学通报》（英文版）上。但是，这件标本很可能是市面上最早出现的琥珀鸟类包裹体之一，它在腾冲市场的露面时间可以追溯到2014年甚至更早。不过，那时候珀商根本不知道这枚琥珀有多重要。你知道他们对它做的第一件事是什么吗？答案是：先切割，然后抛光、打磨，看能否看得更清楚。然而，这样做只是把一只完整的鸟磨成薄片，而无法把它看得更清楚。即便如此，珀商仍然觉得它奇货可居，也告诉过很多人这里面是一只鸟。而看过这件标本的人几乎都觉得它脏、薄、杂质多、裂痕大，而且里面只能见到几根羽毛。这样的琥珀竟敢要价十几万元，买家常会以一句"你怎么不去抢啊？"把珀商给怼回去。

于是，这件可怜的标本在腾冲成了卖不出去的"老大难"，我在2015年见到它的时候，它已经身价暴跌了。但我拿起它的一刹那，就知道这件标本并不是只有几根羽毛那么简单，它很可能是一只相当完整的鸟，所以我给它起了个昵称叫"煎饼鸟"。煎饼鸟的珀体相当大，长约7厘米，完整地包裹了一只长约5厘米的小鸟。它与当今世界上最小的鸟类——吸蜜蜂鸟的大小差不多，后者产于古巴，长约5厘米，重约1.8克。

经过显微CT的扫描和漫长的重建，我们得到的数据证实了我的推断。煎饼鸟虽然缺失了部分左翅与腿部，但它的完整度仍然超过比龙，成为截至目前已发表的缅甸琥珀中最完整的古鸟标本。从重建的骨骼构造中，我们可以清晰地观察到煎饼鸟的头盖骨基部、脊柱（约有5节颈椎和8节背椎）、左前肢（包括肱骨、桡骨和尺骨）、骨盆区域和股骨。所有这些骨骼都互相铰接，要比此前发现的雏鸟与单独的鸟翅膀提供的解剖学信息更多，有助于我们对古鸟的种类做出鉴定。煎饼鸟标本的耻骨呈U形，中部明显凹陷，耻骨末端的耻骨脚较短，这些都是反鸟类的特征。

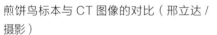

煎饼鸟标本与CT图像的对比（邢立达／摄影）

煎饼鸟的死亡姿势图示（张宗达／绘图）

　　煎饼鸟暴露出来的头颈部区域保存着长且密的羽毛，表明这件标本比刚孵化的雏鸟或幼鸟年长。同样地，翅膀上的初级飞羽有窄而深的羽轴和羽枝，而且羽片已经闭合，说明它拥有可以飞翔的硬质羽毛。其羽枝相对羽轴的发散角更接近于进步的飞翔鸟类，而非反鸟类中的基干类群。由此可见，这只小鸟已经出壳了较长一段时间，具备较好的独立生

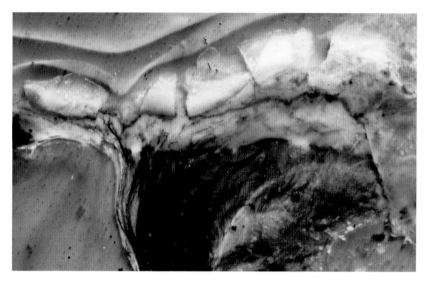

荧光下的煎饼鸟头骨碎片（邢立达 / 供图）

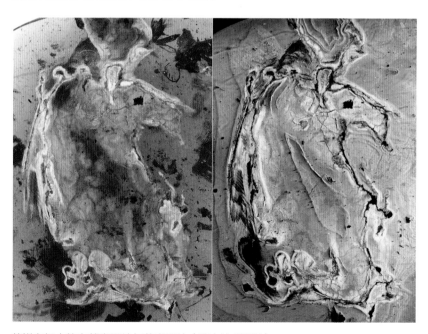

煎饼鸟标本的自然光照片与荧光照片（邢立达 / 摄影）

煎饼鸟标本的羽毛特写（邢立达 / 摄影）

活能力，是目前琥珀中发育程度最高的古鸟。

那么，这只小鸟被树脂包裹的时候还活着吗？这依然是一个令人好奇的问题。我们没有在煎饼鸟标本的腹腔中发现任何内脏器官，而且它体腔内有许多破裂的乳白色遮蔽物，这些都表明它被树脂包裹之前就已经死了，其腹部及腹部周遭的一些软组织随后也被风化。小鸟周围的甲虫、虫粪和植物碎片，则暗示着这枚琥珀形成于森林地面或接近地面的地方。其中一些昆虫甚至有可能扮演过清道夫的角色，但证实这一点还需要更多的证据。

沿着冠状面剥蚀这个标本，虽然损失了部分皮肉，但也暴露出小鸟体内多区域的解剖学细节，为我们提供了独特的研究视角。黎刚利用北京同步辐射X射线荧光成像，获得了煎饼鸟标本出露断面的微量元素分布图，并发现实验区的铁、钙、钛、锌、砷、锰等元素的分布与化石的形态高度吻合。富含钙和钛元素的骨骼区域，而在占据琥珀绝大部分的软组织区域，铁和锰等元素的浓度最高。这些信息对我们了解琥珀包裹物的琥珀化有重要帮助。

与煎饼鸟标本被人为地乱切割的遭遇不同，2019年1月30日，我和同事从缅甸琥珀中发现了一起真实的史前惨案，一只身材极其娇小的鸟被猎食者活活撕碎。相关研究成果发表在自然出版集团旗下的《科学报告》杂志上。猎食者在吃掉猎物之后扬长而去，犯罪现场只剩下受害者的没有什么肉的足爪。随后，松柏的树脂温柔地包裹了这只不幸小鸟的残骸。过了大约1亿年，我们幸运地捡到了这件标本。

这件标本名叫"丑小爪"，当我在2015年看到它的时候，珀商已经把它磨成了一颗圆珠。珀商在跟我的交易完成后告诉我："打孔费我给你免了！"说着就要给它打孔。"我自己来就好。"我吓了一跳，连忙回绝了他。

丑小爪标本照片（邢立达 / 摄影）

圆珠很小，而它里面的鸟爪更小，只有7毫米长，上面覆盖着细细的羽毛。和我以往发现的其他标本不太一样，这枚琥珀里的包裹物相当干净，没有木质颗粒、植物或昆虫碎片，这表明它可能生成于森林的较高处，也就是说，这只鸟的残骸还未落到地面上就被树脂包住了。

丑小爪琥珀中的足爪带有毛状物，显微CT仪器给出的重建结果把我们吓了一跳：它的骨骼保存得实在太好了，既没有破裂，也没有变形，完整性远超之前的所有标本。标本的第二跖骨和第三跖骨的内外侧宽度不等，第四跖骨较薄，跖骨滑车缩小为单个髁突，这两个特征均符合反鸟类的鉴定特征。

标本上一个有趣的现象吸引了我——脚爪骨头的断口呈锯齿状，这表明它被树脂包裹之前就已经从鸟的身体上分离了。这种锯齿状断口符合青枝型骨折的特征，青枝型骨折常见于儿童，他们的骨骼比成年人柔软且更富弹性。当儿童的骨骼因遭受暴力而裂开或屈折但没有完全破碎时，就会出现像植物青枝一样折而不断的情况，被称为青枝型骨折。此外，丑小爪骨头断口附近的琥珀中还出现了尸蜡泡，并伴有厚厚的碳化软组织层和腐败物。这些线索表明，这只鸟的尸体在被树脂包裹时仍然是新鲜而湿润的，可能是刚被捕食者撕碎，或者刚被食腐动物啃食不久。

瑞安对这只鸟爪上的羽毛非常感兴趣，它外侧的两根脚趾上覆盖着廓羽，而这个位置的廓羽极为少见。更有意思的是，它还保留着角质鳞丝状羽，这种羽毛我们在比龙脚上也有发现。它们非常神秘，在现生鸟类里并不多见，只有某些种类的猫头鹰、松鸡的爪上还保留着这种羽毛，其基部是坚实的鳞片，前端是丝状羽毛，可能有助于捕猎和保温。而琥珀中的鸟爪上的角质鳞丝状羽比较稀疏，廓羽集中在外侧脚趾基底部附近，这和现代鸟类不同，后者的廓羽大多会覆盖除足底之外的区域。我们推测，丑小爪的角质鳞丝状羽很有可能起着触觉辅助作用，可以帮助它捕捉昆虫等小型猎物。紧随其后的一个新发现，从另一个角度印证了我们关于标本上的角质鳞丝状羽的推断。

2019年7月11日，我们团队在北京发布消息，我们首次在缅甸琥珀中发现了古鸟类新物种，这对我们理解古鸟类，尤其是缅北地区古鸟类的行为和演化具有重要意义。相关研究论文发表在学术刊物《当代生物学》上。

丑小爪标本的羽毛特写（邢立达 / 摄影）

这件标本的拥有者又是陈光先生。2016年，陈光在琥珀矿区附近收货，矿工向他展示了这枚奇怪的琥珀。它非常小，仅长3.5厘米，陈光起初觉得这只小动物的脚趾太长了，不像小鸟，反而和当地常见的蜥蜴脚趾类似。很快，陈光把照片发给我，虽然我看后觉得这脚趾肯定属于鸟类，但确实长得出奇，也许这又是一件颇具研究价值的标本。

这枚琥珀杂质比较多，显微CT再次为标本提供了详细的三维解剖结构。幸运的是，这件标本的骨骼保存得不错，通过对数据的重建、分割和融合，我们最终得到了所有骨骼的无损高清3D形态。结果表明，该标本是一只古鸟类的腿部，具有不凡的骨骼形态学特征。

比如，它的第二跖骨的滑车关节最宽，第四跖骨的滑车关节缩小为单个髁突，这些特征都常见于反鸟类，综合诸多特征的分支系统学分析也表明该标本属于反鸟类。这件标本最特别的地方在于，它的各个趾骨的长度都很特别，其中第三趾最长，约为9.8毫米，比跗跖骨长20%，

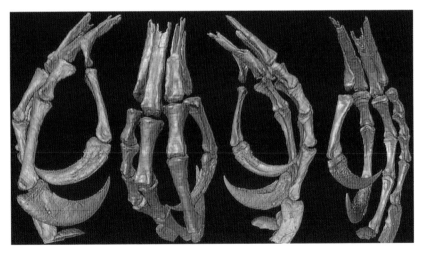

丑小爪标本的CT图像（白明/摄影）

而第一趾和第二趾的长度较为接近，前者是后者的86%，而第二趾的长度为第三趾的59%，三者的比例组合不同于中生代鸟类和现生鸟类。而且，由于这件标本的近端跗骨与胫骨、远端跗骨与跖骨完全融合，所以它属于亚成年或成年个体。

丑小爪标本复原图（张宗达／绘图）

基于上述种种特征，我们将该标本确定为新属新种，属名为琥珀鸟，意指琥珀中的鸟类，种名为陈光琥珀鸟（*Elektorornis chenguangi*），旨在向发现这枚化石的陈光致敬。虽然古鸟类的物种并不少，这却是科学界首次命名琥珀中的鸟类新物种。

琥珀鸟的软组织保存得也非常好，我和瑞安在体视镜下观察到角质鳞丝状羽稀疏地分布在趾骨的背面和侧面，而左翼尖的羽毛区域则有初级飞羽和次级飞羽暴露于琥珀表面。

琥珀鸟的习性可以从几个方面来解读。第二，它体型很小。从腿部长约3厘米来推断，其体长比麻雀还要小一些。第二，它是树栖的。琥珀鸟的第三趾显著延长，加上大型的弯曲爪子和较长的第一趾，都强烈暗示这是一种树栖鸟类的适应性特征。第三，它长着这么长的第三趾，有何作用？

在没有类似的现生鸟类做对比的情况下，这种延长的第三趾的功

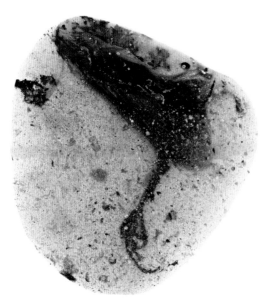

琥珀鸟标本（邢立达 / 摄影）

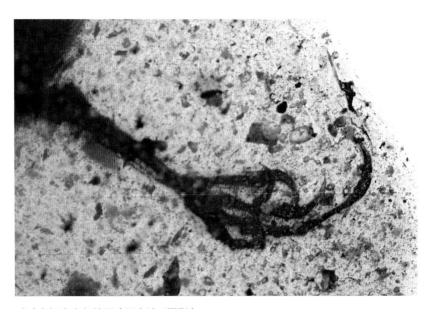

琥珀鸟标本脚部特写（邢立达 / 摄影）

能很难确定。增强的脚部抓取能力可能有利于更好地适应树栖生活，但如果结合用于感知的角质鳞丝状羽来判断，它可能还与捕食有关。比如，马达加斯加指猴（*Daubentonia madagascariensis*）的中指和无名指非常纤细，常用于敲击树木、定位并抠取蛀虫食用。琥珀鸟的角质鳞丝状羽在第三趾上最长也最强韧，作用可能是增强长脚趾的探测蛀虫的功能，其

琥珀鸟复原图（张宗达 / 绘图）

取食策略类似于指猴。借助琥珀，这种独特的足趾形态得以在今天栩栩如生地展现在我们面前，进一步阐明了白垩纪反鸟的辐射演化，揭示了鸟类曾经利用但后来抛弃的一些可能的捕食策略。

2019年10月30日，我们团队发布了这一年的最后一个鸟类琥珀记录，它是一枚非常特别的古鸟琥珀，相关论文发表在《科学报告》上。

这枚标本的昵称叫"泡泡爪"，原因是它胖乎乎、肥嘟嘟的。这件琥珀收藏在福建省泉州市的英良石材自然历史博物馆中，该馆是国内一个新兴的民营非营利性博物馆。泡泡爪标本没有保存太多的脚部骨骼，但鸟脚的轮廓却被皮肤记录了下来。这些留存下来的古鸟脚部皮肤表面还有大量的毛。此外，这件标本也保存了罕见的羽轴主导型羽。

泡泡爪长约7毫米，因为没有骨头，显微CT扫描这次没能为标本研究提供太大的帮助。根据脚部各个脚趾的比例和羽毛形态，我们将这件标本归入反鸟类。脚的整体形态和保存完好的角质鞘曲率又强烈地暗

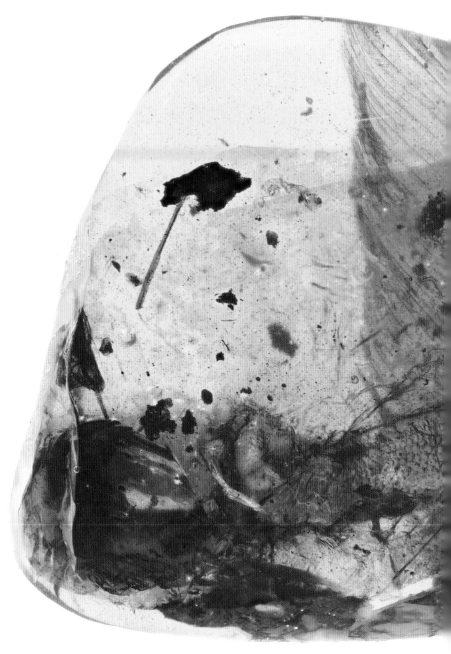

泡泡爪标本（邢立达 / 摄影）

示它是一种树栖鸟类。具体来说，泡泡爪的脚爪大而弯曲，而且较为扁平，横截面形态和现生树栖鸟类相似，而不同于地栖类。我们之前介绍过，树栖鸟类的远端趾节较长，而地栖鸟类的近端趾节较长。

　　泡泡爪最有趣的地方在于，它的脚趾十分粗壮，这不同于该地区此前发现的所有鸟类化石。其外脚趾，也就是第四趾，有横向拉长的趾垫，相较两个内脚趾（第二和第三趾）明显粗壮得多。简单来说，第四趾比第二趾或第三趾宽，其突出的足垫和凸起的足底表面可能与捕抓猎物有关。有爪且强壮有力的脚趾与现生猛禽相似，这表明泡泡爪标本可能是一种小型空中食虫鸟类。

　　此外，泡泡爪的各个脚趾都保留着角质鳞丝状羽，其中第二趾基部的最密集且最长。角质鳞丝状羽在现代鸟类的雏鸟身上很少见，似乎也不存在于成鸟身上。和此前的推断一样，角质鳞丝状羽有可能发挥着触

泡泡爪复原图（韩志信／绘图）

觉的作用，可帮助鸟类捕抓昆虫等小型猎物。有趣的是，到目前为止，科学家在胡冈鸟类群中已发现的所有反鸟类的足部都发现了角质鳞丝状羽，这一特征似乎在年龄较大的个体中表现得更为明显，而在某些物种中则显得更为发达。

我们也介绍过羽轴主导型羽，它最大的特点就是开放型羽轴，因此形成了一种高效的轻质尾羽。也就是说，羽轴之所以开放，可能是为了节省能量，降低长出这种长羽毛的能耗，这种结构可能

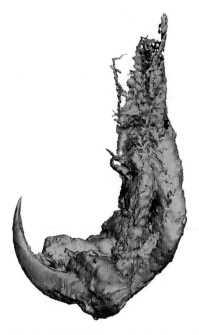

泡泡爪标本脚部扫描图像（邢立达／摄影）

是专门为长而轻的尾羽演化出来的。目前古生物学家认为，羽轴主导型羽是古鸟类种内的信息交流工具，主要功能是求偶炫耀、物种识别和视觉沟通等。此前我们在羽轴主导型羽附近并未发现骨骼，而在缅甸琥珀中又只发现了反鸟类的遗骸，因此这些奇怪的羽毛被暂时归入了反鸟类。此次发现的泡泡爪是可以将羽轴主导型羽与反鸟遗骸直接对应起来的首个证据。

关于泡泡爪的埋藏问题，这枚琥珀里的柏科苞片、植物星状毛、大量的微粒、昆虫幼虫的粪便和一些不确定的植物叶片碎片等线索都表明，这个树脂块形成于靠近森林地面的地方。而且，鸟脚在陷入树脂陷阱时仍旧比较新鲜，因为它周围的树脂中有一层厚厚的乳白色尸

泡泡爪标本尾羽特写（邢立达／摄影）

蜡物质，脚趾表面也冒出了大量的尸蜡泡，这是新鲜软组织腐败的迹象。

总的来说，泡泡爪的脚趾比我们之前在缅甸琥珀中观察到的任何反鸟类都要宽，这种独特的足部形态反映了鸟类在捕捉猎物方式上的差异，这种类型的脚部此前在当地的化石记录中未有记载。

遥想1亿年前，在缅甸北部潮湿的热带森林里，大大小小不同种类的鸟类和昆虫飞来飞去，它们竞争着树林中的资源和空间。弱肉强食，其中一只不太走运的鸟被柏类或南洋杉类针叶树流下的树脂包裹住，在漫长的地质年代中演变成琥珀，并保存至今。

从天使之翼、罗斯、比龙、煎饼鸟、丑小爪、泡泡爪到琥珀鸟，这7件反鸟类骨骼化石的发育阶段和完整程度虽然各不相同，但有越来越多的化石证据表明，与其他白垩纪动物群相比，胡冈谷地的鸟类是独一无二的。一个胡冈古鸟动物群的研究集合逐渐成形，这些珍贵的鸟类包裹体大大深化了我们对古鸟类尤其是反鸟类的认识。丰富的化石表明，反鸟类在白垩纪中期仍然存在较大的生态分化和辐射分化，在恐龙时代的鼎盛期，鸟类的多样性远超我们的想象。

第十六章

没有脚的
蛇宝宝

邢立达
恐龙手记

2016年年初，一位相熟的珀商给我发来几张奇怪的照片。照片上的珀体看上去脏兮兮的，但他的留言却引起了我的注意："邢老师，你看这是不是鳄鱼皮？"

这位珀商之所以这么说，是因为这件标本里包裹着一片相当大的皮肤。乍一看，我觉得它很有可能是一只硕大的蜥蜴遗留下的皮肤，虽然研究价值不大，但至少可以表明当地存在过大型的蜥蜴个体。但是，当我仔细端详这件标本时，包裹体中异常均匀的菱形鳞片引起了我的注意，并让我马上想到了蜥蜴的亲戚——蛇。

我赶紧联系了我的多年好友、广东省生物资源应用研究所的蛇类研究专家张亮。他看了照片之后告诉我："由于身体结构上的差异，蜥蜴身上不同区域的鳞片形态并不一致，但蛇身上的鳞片大小和形状却很均匀。此外，蛇的鳞片比较柔软，蜥蜴的鳞片则比较硬，甚至还有皮内成骨。这枚琥珀内的皮肤面积很大，鳞片的大小和形状也非常均匀，再结合鳞片形状考虑，可以推断它属于某种蟒或蚺。"

为了进一步确认，我又联系了古生物学家迈克尔·考德威尔教授，他对蛇、沧龙等有鳞目化石非常熟悉，担任过加拿大艾伯塔大学生物系系主任。他很快就回了邮件，赞同这块琥珀中的皮肤属于蛇类，并约我到加拿大一起观察标本。就这样，我们意外收获了缅甸琥珀中的第一枚蛇类琥珀。

蛇类在古生物化石记录中的数量非常稀少。大多数蛇类骨骼的质地都不太坚硬，很难形成化石并保存下来。因此，笼罩在它们身上的演化谜团一直难解。

蛇身体覆满鳞片，身形细长，没有可活动的眼睑，没有外耳和鼓膜，没有四肢却行动迅捷，而且全都食肉。

蛇皮琥珀（邢立达 / 摄影）

　　蛇适应环境的能力极强，目前，在除南极洲之外的所有大陆上和海洋中都能见到它们的身影。即使你在世界"第三极"——珠穆朗玛峰上遇到它们也不奇怪。不过，一些很早就从大陆分裂出去的岛屿上是没有蛇的，比如爱尔兰、冰岛和新西兰等。

　　在分类上，蛇属于爬行纲有鳞目中的蛇亚目或小蛇类。提到蛇，大多数人也许都会觉得害怕。但在古生物学家心目中，蛇却有着特殊的地位，有诸多未解的谜题围绕着它们。蛇起源于何处？它们的祖先长什么样子？它们是如何失去四肢的？这些有趣的问题犹如一块摆放在黑箱中的硕大金块，我们费尽九牛二虎之力去打开黑箱，想一窥黄金的光彩。

在讲故事之前，先要明确一点：不要一看到无足动物就以为遇到了蛇，因为失去四肢并不是蛇的"专利"。没有四肢是蛇类与其他动物的最大差异，但这反而是生物演化过程中最容易产生的特征。肢的出现与发育是由一组特定的基因控制的：Hox基因可以决定肢芽在哪个部分出现，而两个Tbx同源基因则分别掌控着前肢和后肢的形成。只要这些基因被关闭，四肢就会消失或退化。四足类动物的多个类群都有过这种变化，而且全部是独立演化的结果，比如爬行动物中的蛇类、蚓蜥类、无足石龙子、澳洲鳞脚蜥和蛇蜥等，以及两栖动物中的鳗螈和缺肢类等。这些动物大都是穴居性的，而四肢在很多情况下只是它们钻洞的"累赘"。

我们目前找到的蛇类化石非常少，所以蛇类的演化过程一直是个谜。蛇的祖先大概可以追溯到侏罗纪，比如1.67亿年前的安氏黎明蛇（*Eophis underwoodi*），但它们的化石实在太过破碎，能提供的信息少之又少。古生物学家研究发现，第一条蛇（或者说现代蛇的"远祖"）的生存年代一下子跃进到大约9 500万年前的白垩纪中期。白垩纪是海生爬行类大起大落的时期，有鳞目自然也经历了这种起伏。当时，有鳞目包括三支海生蜥类，即伸龙科、岸蜥科和沧龙科，它们都与现生的巨蜥类存在密切的关系。其中，伸龙科中的亚德龙（*Adriosaurus*）拥有类似于巨蜥的细小头部和13节颈椎组成的长脖子，而且其背椎数目较多，这拉长了它的躯体。此外，亚德龙的肋骨短小，前肢长度只有后肢的一半。亚德龙提供了蜥类在演化成蛇类的过程中发生的形态变化，包括它们的前肢极端退化、躯体变长等。骨骼形态显示，亚德龙是蛇类的姐妹群，介于海生有鳞目和原始蛇类之间。

关于蛇类演化，古生物学家关注的一个重要问题是：蛇类逐渐失去四肢的过程，究竟发生在陆地上还是水中。一派学者认为，蛇类是由白垩纪的穴居蜥蜴演化而来的，可能是巨蜥或其他邻近种类，它们生活于地洞中，透明的眼膜（功能类似眼睑）和消失的外耳都是为了适应地穴生活而演化出来的。另一派学者则认为，蛇类和巨蜥类的祖先是一种存在于白垩纪并且已经灭绝的水生爬行类，这同样能解释其眼膜和外耳的变化，这些演变的终点便是今天的海蛇，在晚白垩世，其中一支返回陆地，演化为今天的蛇类。

遗憾的是，目前支持两派观点的化石记录都不太充分。亚德龙化石似乎暗示，海生有鳞目是所有蛇类的起源，但其他化石的出现又推翻了这种论证。古生物学家发现了各种各样的古蛇，它们虽然失去了前肢，但仍然有小小的且作用不大的后肢，比如在阿根廷巴塔哥尼亚地区发现的距今9 000万年的狡蛇（*Najash*）。狡蛇长不足1米，是目前发现的唯一一种长有支撑腰带区的荐骨的陆生古蛇。荐骨是从蜥蜴演化到蛇的过程中早已消失不见的骨骼，我们据此可以推断它可能是我们已知的最原始的蛇。此外，它还有一对非常小的后肢，保存了股骨和胫骨，但行进方式与现生蛇类没有任何差别。

在以色列和黎巴嫩的晚白垩世海相沉积（海洋环境下经海洋动力过程产生的一系列沉积，包括来自陆地上的碎屑物、海洋生物骨骼和残骸、火山灰等）中，古生物学家还发现了一系列更特化的蛇类化石，包括厚棘蛇（*Pachyrhachis*，又名厚蛇）、真足蛇（*Eupodophis*）和哈氏蛇（*Haasiophis*）。其中化石保存最完整的是哈氏蛇，它所在的地层距今9 400万年，骨骼化石几乎完整无缺，身形细长，约有140节脊椎，只缺少了尾巴末端，全身长约88厘米。粗看之下，你会觉得它的头骨、大部分的脊椎与其他原始蛇类没什么两样，但它的后肢（包括股骨、胫骨、跗骨）还在。不同于狡蛇，哈氏蛇的腰带很小，属于退化无用的骨头。厚棘蛇化石虽然不像哈氏蛇那么完整，但它1米长的身体上也保留了小小的残存后肢。而且，它的脊椎与肋骨极为发育且排列紧密，这是对潜水生活的适应性演化。真足蛇化石长85厘米，它的后肢退化得更严重，仅长2厘米，虽然有明显的股骨和胫腓骨，但已经失去了原本的功能。这批化石曾令学界振奋不已，学者们将其视为蛇类海洋起源假说的有力证据。

然而，有学者发现，哈氏蛇的一些连接上下颌关节已经能形成裂口，可使嘴巴张得更大，这个构造在演化史上极具进步性，可能并非从蜥蜴演化而来。也就是说，蛇在演化过程中很可能不止一次失去过肢体，历经了多次有肢和无肢的变化。这让本就迷雾重重的蛇类起源问题变得更加扑朔迷离。

机缘巧合之下，蛇类琥珀突然出现在我们眼前，它能帮助我们更好地理解蛇类的演化过程吗？科学的发现往往是一连串的巧合，某个领域或问题沉寂多年，一旦出现一个契机，相关发现便会喷涌而出。

一个月后，就在我带着蛇皮琥珀要登机的时候，化石圈的朋友王宽打来电话，火急火燎地说："出了一个蛇珀，你赶紧看看是不是！"如果是珀商这样说，我可能会冷静对待，但王宽不同，他痴迷化石多年，对脊椎动物的判断是有一定把握的。在登机之后关机之前，我收到了他发来的照片，答案几乎是肯定的——半条小蛇被包裹在这枚琥珀中！这是我们找到的第二枚蛇类琥珀，也是最重要的一枚，因为它有如此多的骨骼。

这枚琥珀背后有一个有趣的故事。它的发现者不是王宽，而是贾晓女士。和夏方远一样，贾晓也是琥珀圈里的知名人士。她在2011年前后开始收藏虫珀，每隔一两个月就会去腾冲淘货，可以说她见证了腾冲琥珀市场的崛起。由于贾晓对虫珀拥有敏锐的直觉，鉴定水平又稳又准，大家便送给她一个"女王"的昵称。

见面后，我发现贾晓女士并不像我想的如女王般高冷，而是一位进退有度、冷静节制，把浪漫和坚毅融合得恰到好处的女性。当我询问这枚琥珀的来历时，她难掩激动地为我讲起了故事。

2016年年初，贾晓在开一批琥珀原石。其中有块黑乎乎的料毫不起眼，她磨开了这块原石的部分表皮后，发现其中有一段动物包裹体和一些碳化的植物碎屑。"是不是巨大的蜈蚣？我当时还挺开心的。"但用放大镜仔细观察之后，贾晓发现那些"蜈蚣腿"其实在动物体内，很可能是一只残破小蜥蜴的肋骨，只不过它的身体有点儿长。因为手头已经有几块蜥蜴琥珀了，而且这枚琥珀的珀体不太好看，所以她没有继续打磨，把它收了起来。

不久后，贾晓看到我发布了发现第一批古鸟琥珀的新闻，而且其中一件曾与她"擦肩而过"，这对一个挚爱虫珀的人来说是一件莫大的憾事。贾晓的先生为了安慰她，便带着全家出去旅游散

贾晓女士和缅甸晓蛇琥珀（贾晓／供图）

心。在香港转机时，贾晓路过一幅小画廊，其中有幅眼镜蛇骨架的画作非常精美，她忍不住多看了几眼。蓦然间，一个念头闪现在她的脑海中"这幅画里面的蛇骨和我的那枚琥珀里的骨头实在太像了！"

当意识到被自己冷落在一旁的"蜥蜴"有可能是"蛇"的时候，她抑制不住内心的狂喜，提前结束旅游行程返回家中。"现在我还清楚地记得，当那枚'蜥蜴'琥珀被磨去了全部表皮，躺在显微镜下面的时候，我的心都要跳出来了。"她立刻联系跟她合作的石探记团队（由中国科学院、北京大学等大学和科研机构的十几位不同领域专家组成的科研与科普团队）中的陈睿（来自中国科学院动物研究所）和王宽等人，并给他们传送了几十张微距照片。"他们也很兴奋，向我反复询问标本的特征。"贾晓回忆道。

在王宽将标本照片发给我后，这一天也成了我的幸运日。此前我只在琥珀中发现过蛇皮，现在终于找到了蛇骨骼！经过详细的研究，我和考德威尔教授等学者于2018年7月19日将相关成果发表在《科学》子刊《科学进展》上。我们首次在琥珀中发现了蛇类标本，而且是一个全新的物种。

贾晓发现的那枚蛇类琥珀有些许腐烂，暴露出骨骼，这种情况对于显微CT等无损成像设备反而有利。不出所料，白明告诉我成像非常顺利，可以提供详细的三维解剖结构。

我们首先要确认的是，这枚标本是否属于蛇类。标本有明晰可见的腹下椎骨（前泄殖腔椎骨）87节，推测共有160节，超过除蚓蜥类（amphisbaenians）和双足蜥类（dibamids）之外的所有细长的有鳞类动物，比如帝王蛇蜥（*Pseudopus apodus*）有55节腹下椎骨。标本的脊椎骨还有特化的椎弧凹与椎弧凸，是蛇类的重要特征。这两种结构互相镶

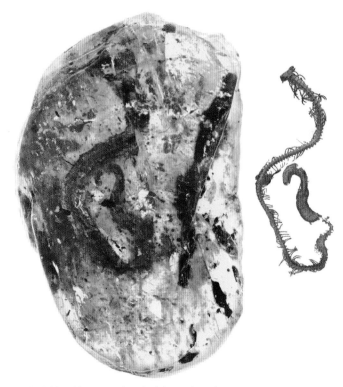

缅甸晓蛇及其CT重建图像（白明/摄影）

嵌形成球状窝，使蛇的每节椎骨都能牢牢相扣，又能灵活转动。

在晚白垩世早期（距今约1亿—9 500万年），蛇类已经遍布全球。南欧、非洲、北美、中东和南美都发现过属于这个时期的蛇类化石，而且所有标本都是发育成熟的蛇类，大多都没有前肢，但有些还保留着没有多大作用的小小后肢。这次我们发布的标本虽然没有后肢，但它的骨骼特征不同于以往发现的蛇类，是一个新物种。我们将这件标本命名为缅甸晓蛇（*Xiaophis myanmarensis*）。属名"*Xiaophis*"中的"Xiao"源于"晓"的拼音，旨在向发现这枚琥珀的贾晓致敬，"ophis"则是希腊语中的蛇；种名"*myanmarensis*"表明化石发现于缅甸。

缅甸晓蛇的鉴定特征包括：腹下椎（前泄殖腔椎）的椎体腹面呈三角形，龙骨脊强壮且成对，存在下椎体孔；腹下椎前部脊椎后关节突板后背侧面有成对的大型窝；脊椎前关节突有小副突，并与脊椎前后关节突在同一水平线上；从前部椎体到尾椎都有后向的细长神经棘；尾椎的神经棘明显降低，有前向和水平横突，脉弧有小的匙形关节面；3个由腹下椎肋演化而来的荐肋；每个椎骨—肋骨组合中都有2~3个鳞列；体鳞虽小但呈叠瓦状且重叠性强。

这枚琥珀中的蛇体长4.75厘米，保存了铰接式的颅后骨骼，包括97节椎骨、肋骨和部分皮肤。97节椎骨中的前87节加上肋骨构成了躯干，其余10节构成尾部。标本的单一椎骨非常小，躯干椎体长约0.5毫米，尾椎长约0.35毫米，在尺寸和形态上与管蛇科红尾管蛇（*Cylindrophis ruffus*）的新生蛇较为相似。虽然我们不知道这个标本一共有多少节椎体，但我们对比了同时代的斯莫里蛇类（Simoliophiid）和圣域哈氏蛇（*Haasiophis terrasanctus*）。这两种蛇的颈椎与躯干椎共有155节，最大的椎骨位于第70~80节椎骨之中，因此我们推测，这条琥珀蛇缺失了70节甚至更多的椎骨，以及颈椎末端的颅骨。也就是说，如果标本完整，琥珀蛇的长度大约为9.5厘米。

缅甸晓蛇的解剖学结构显示了其作为现生蛇胚胎–新生蛇的特征。这些特征与东南亚地区的红尾管蛇（*Cylindrophis ruffus*）的新生蛇，以及水游蛇（*Natrix natrix*）的胚胎（头长5毫米）和新生蛇（头长8毫米）相似，比如，椎孔至少比椎体大两倍，椎弓突和椎弓突关节消失或弱骨化。重要的是，缅甸晓蛇保存了骨骼个体发生的重要细节，比如椎弓突–椎弓凹关节开始沿神经弓板形成。除了骨骼，缅甸晓蛇还保存了带鳞的皮肤，这些鳞片呈菱形且很薄。而较大且呈矩形的腹鳞是大部分现

缅甸晓蛇标本特写（邢立达 / 摄影）

代蛇的主要特征，可惜标本没有保存下来这部分细节。

另一件琥珀，也就是我发现的蛇皮琥珀，则属于大型蛇类的蜕皮，其鳞片呈菱形或圆菱形，鳞片间的表皮上有深线。这件标本的部分区域可观察到颜色变化，但很可能不是原来的色彩。此外，还能观察到圆形或环状的花纹。这张蛇皮的所有者体长约为60~70厘米，是当时缅甸森林里的大型掠食者。

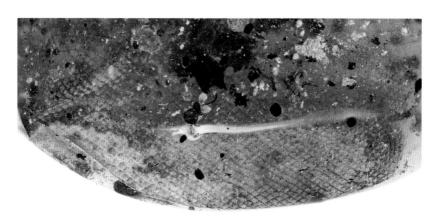

琥珀中的蛇皮标本特写（瑞安·麦凯勒/摄影）

缅甸晓蛇的颅后骨骼显示出与其他白垩纪冈瓦纳蛇类极大的相似性，比如在阿根廷发现的距今9 000万年的狡蛇和恐蛇（*Dinilysia*）。研究人员将缅甸晓蛇加入早期蛇的系统发生分析后发现，缅甸晓蛇介于冈瓦纳基干类群（比如狡蛇、恐蛇和古裂口蛇）与现代蛇冠群之间。缅甸晓蛇的形态类似于冈瓦纳化石蛇的基干类群，而且位于它们和现代蛇冠群之间，这表明缅甸晓蛇是蛇类冠群的祖先。

此外，这次发现的两枚琥珀里都有昆虫、昆虫粪便和植物残留物，这些琥珀内含物提供了独特的森林生态系统记录。缅甸琥珀中保存的一些植物（如苔藓类、竹状单子叶植物）和无脊椎动物（如有爪类、盗蛛类、盲蛛类、蚧壳虫类）都表明，在大约1亿年前，这里是一个有淡水栖息地、潮湿温暖的热带雨林生态系统。缅甸琥珀内发现的海生介形类、菊石类则表明，部分琥珀森林濒临海岸线。有趣的是，森诺曼阶的几乎所有已知蛇类都表现出水生适应性或发现于河流沉积物中，与陆地生活习性无关。此前唯一的例外是来自冈瓦纳阿根廷森诺曼阶湿地–干旱生态系统的狡蛇。缅甸晓蛇是首次在中生代森林环境中发现的蛇类，这表明早期蛇类的生态多样性比此前认为的更丰富。

从古地理学的角度看，这些蛇类琥珀位于劳亚大陆东部（印度除外，印度只在新生代时期属于欧亚大陆），是中生代蛇类记录重要的新基准点，它们的发现表明蛇类早在1亿年前就在各纬度均有分布。考德威尔教授提出了他的假设："缅甸晓蛇可能是从水生蛇类演化而来的，后来迁徙至外来地块的岛屿陆生环境中。特提斯海里广泛分布着多种森诺曼阶海生蛇，南美近年来也发现了森诺曼阶的海生蛇，这些都表明，陆生和水生环境中的蛇类多样性出乎我们的意料。"

总的来说，缅甸晓蛇等

刚出壳的缅甸晓蛇复原图（张宗达 / 绘图）

蛇类琥珀的发现，是人类首次在琥珀中找到蛇类，也是人类首次在化石记录中发现新生蛇。它们的个体发生学特征在蛇类化石中可说是史无前例的，这些琥珀为我们了解自然界最成功和最具代表性的动物群之一的演化提供了绝佳线索。

# 第十七章

## 几亿年前的
## 旅行青蛙

邢立达
恐龙手记

长期以来，琥珀收藏界公认的虫珀三宝是：蝎子、蜥蜴、蛙类。这是因为相较于蚊蝇、蜘蛛、蚂蚁等常见虫珀品种，这三类虫珀的数量更加稀少。你可能会想，在今天的大自然中，这些动物不难见到，为什么在琥珀里却如此少见呢？主要原因在于，它们体型较大，柔软的树脂难以包裹它们。

　　2000年之前，有珀商粗略统计过，蝎子琥珀每两三年出现一两件，蜥蜴琥珀每三年出现一件，蛙类琥珀则每七年出现一件。总的来说，当时在全世界范围内，完整的蝎子包裹体不到100件，蜥蜴十几件，蛙类不到10件。不完整的包裹体则多些，有的是被大型动物（如鸟类）捕食后遗留下来的，有的是在开采过程中遭到了损坏。不过就算见到的是支离破碎的标本，比如一只脚、一根骨头、一片残皮，也是值得高兴的事。在一些欧洲国家以及墨西哥和多米尼加等地的博物馆，蜥蜴或蛙类琥珀都被视为镇馆之宝。

　　2000年后，缅甸琥珀的大量出产改变了这种状况。蝎子琥珀增量最多，一年出产100多件，完整的蜥蜴琥珀一年可产出10件左右，破碎标本相当多，只有蛙类琥珀依然罕见。

　　蛙类属于两栖动物，它们可以在陆地上活动，但不能一生离水。两栖动物的皮肤是裸露的，体表没有鳞片、毛发等覆盖，需要靠皮下腺体分泌黏液来保持身体的湿润。它们的幼体在水中生活，用鳃呼吸，长大后用肺兼皮肤呼吸。常见两栖动物包括青蛙、蟾蜍、大鲵等，现生的两栖类可分为三个目：无尾目（Anura），包括蛙和蟾等；有尾目（Caudata），包括鲵和蝾螈等；无足目（Gymnophiona），包括鱼螈和蚓螈等。

　　无尾目是生物从水中来到陆地的第一步，成年个体尾骨消失、脊柱短、脊椎骨数少（约4~9枚），荐椎后有一根细长的尾杆骨，基本无肋骨，前肢桡骨与尺骨愈合成桡尺骨，后肢胫骨与腓骨愈合成胫腓骨。这些高度特化的骨骼特征，使得蛙类特别擅长做有力的跳跃或游泳动作。

蛙类的骨头过于柔软纤细，很难形成化石，保存得好的化石更是凤毛麟角。无尾目和有尾目的祖先可以追溯到霍氏原蛙（*Gerobatrachus hottoni*），它于2008年被学者发现并命名。霍氏原蛙体长约11厘米，生活在2.9亿年前的早二叠世，这个年代与分子钟（生物体内的一种可计时的钟，在生物体内的DNA和蛋白质等生物大分子中，通过分子生物学的特定分析手段可以读出它的数值，计量单位为万年）推测的无尾目和有尾目的共同祖先的生存年代相符。它的脊柱、肋骨、指骨保留着离片椎类的多个特征，身形像一只短尾巴蝾螈。不过，霍氏原蛙的头骨结构比较简单，眼眶很大，看上去已经接近蛙形类。在霍氏原蛙之后，该门类的重要化石记录是马氏三叠尾蛙（*Triadobatrachus massinoti*），它长约10厘米，生活在2.5亿年前的早三叠世，是目前发现的最早的蛙类。马氏三叠尾蛙至少有26节椎骨，其中十几节构成一条短尾巴，并在它成年后可能还保留着。它的脑袋已经非常像现生青蛙，一堆细细的骨头组成了一张大嘴巴。学者认为，尽管它不像大多数现生青蛙那样擅长跳跃，但它可能靠踢后腿来游泳。

仅凭化石记录，我们推断中生代的蛙类的种类并不是那么丰富。现生蛙类的基因数据显示，蛙类的多样性直到恐龙灭绝后才出现爆炸式增长，它们迅速把握住了生态系统中新的生存机遇，并逐步演化为现今我们能见到的大多数蛙类物种。现生蛙类具有丰富的多样性，物种数量超过6 900种，比我们熟知的哺乳类动物物种还要多。

琥珀为蛙类记录提供了一个特殊的窗口。不过，在此之前，欧洲、墨西哥和多米尼加琥珀中的蛙类都是新生代物种，对其早期演化的研究帮助不大。白垩纪的缅甸琥珀恰好填补了这个空白。接触缅甸琥珀不久我就听说，"虫王"桑奥收藏了一枚骨骼保存极好的蛙类琥珀，平日里从不轻易示人，但这件标本后来竟然被一个中国人收入囊中。2013年，琥珀收藏家李墨女士得知桑奥有这样一枚琥珀，便立即赶往缅甸，经过多次沟通，才最终拿下了这枚蛙类琥珀。

我和李墨女士的缘分匪浅，我的第一枚缅甸琥珀就是从她店里买的，那是一枚蜘蛛和蚊子的包裹体，为的是致敬柏吉尔的那篇《琥珀》。2015年的一天，李墨知道我正式将脊椎动物包裹体列为研究方向之一，

琥珀蛙标本（邢立达／摄影）

便把蛙类琥珀的照片分享给我。我看过照片后大为震惊，棕红珀体中的蛙类大而清晰，体长2厘米多，并且保存了大部分骨架。这绝对是具有重要研究价值的标本，我立即询问李墨能否把她的这件琥珀借给我做研究之用。李墨回复我，不久前她把这枚蛙类琥珀作为结婚礼物送给了她的先生，但一家人好商量，她也希望这件藏品能为科学研究做点儿贡献。

得知缅甸琥珀中发现蛙类之后，我和团队成员迅速赶往密支那和腾冲，多方联系相关收藏人士，希望找到更多的蛙类琥珀。2015—2016年，我陆续收获了3件不同尺寸和完整度的标本。经过详细的研究，尤其是耗费大量精力重建蛙类骨骼的三维结构后，我和美国佛罗里达大学大卫·布莱克本教授领导的团队，于2018年6月14日发表了研究结果，论文刊发在自然出版集团旗下的《科学报告》上，这是科学界首次描述缅甸琥珀中的蛙类，而且是区别于以往所有蛙类的新物种。

中美科研团队发现的4枚蛙类琥珀（陈海滢/摄影）

论文介绍的蛙类琥珀化石标本共有4件，其中李墨提供的标本保存状态最完整，第二件标本长约7毫米，保存了除头部之外的身体和大量软组

琥珀篇

织，余下两个标本则只保留了肢部。

李墨的标本长2.2厘米，保存了大部分骨架，包括头骨、部分脊椎、接近完整的左前肢、部分右前肢和左后肢。根据骨骼特征的组合，我们判断这件标本与现生的产婆蟾超科（Alytoidea）、盘舌蟾超科（Discoglossoidea）蛙类非常相似，产婆蟾超科包括铃蟾科（Bombinatoridae）和产婆蟾科（Alytidae）。这件标本与中国热河生物群比较原始的蛙类化石，如辽蟾（Liaobatrachus），也有相似之处。

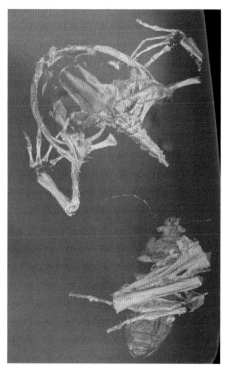

琥珀蛙的 CT 图像（邢立达 / 摄影）

标本前颌骨的背突显著且二分叉，副舌骨呈V字形，第2荐前椎上的自由肋（浮肋）和腭骨缺失，鉴于这些综合特征有别于以往发现的其他蛙类，我们将其鉴定为新物种，并命名为李墨琥珀蛙（Electrorana limoae），属名中的"electrum"意为琥珀，"rana"意为蛙，种名"limoae"旨在向标本提供方、琥珀收藏家李墨致敬。

这只琥珀蛙尚未成年，这是基于它的耳柱骨缺失且腕部等区域还未完全骨化做出的推断，它可能不到两岁。琥珀蛙的前颌骨上有10~12颗牙齿，上颌骨上有25颗牙齿，下颌骨则没有牙齿，蚊、甲虫、蜘蛛等无脊椎动物是琥珀蛙的主要食物。

　　除了是新物种，琥珀蛙的重要价值还在于，它首次揭示了古蛙类与热带雨林的关系。现生蛙类包括一系列可以适应特殊微环境的种类，并具有各式各样的繁殖策略和运动模式，热带雨林蛙类在物种数量和多样性方面是佼佼者。然而，由于大多数中生代蛙类化石提供的生态学信息十分有限，学界一直缺乏将古蛙类与热带雨林联系起来的化石证据。缅甸北部克钦邦胡冈河谷的琥珀记录恰好填补了这一空白，它提供的是一个濒临海岸线、有淡水栖息地、潮湿而温暖的热带雨林生态系统。我们这次发现的琥珀蛙就生活在这里，它是热带雨林中最古老的蛙类记录。它与温带地区的产婆蟾类共同构成的类群，在白垩纪占据了比以往所知的更大栖息地。

　　有趣的是，骨骼结构表明，虽然琥珀蛙生活在森林里，但它并不是树栖物种，而更有可能生活在森林水潭里，主要在夜间活动。我请艺术家绘制了一张生态复原图：一只甲虫被柏类或南洋杉类针叶树流下的树

琥珀蛙生态复原图（达米尔·G. 马丁/绘图）

脂粘住之后试图扑打翅膀逃脱，琥珀蛙听到或感觉到猎物的挣扎，便悄悄接近并偷袭猎物，结果也被树脂粘住了。它试图跳脱树脂，但前肢已被紧紧裹住，以致身体仰倒，并慢慢沉入树脂。经过漫长的地质年代它演变成琥珀，并保存至今。

在征集蛙类琥珀标本的同时，我也在关注另外两种潜在的包裹体——卵和蝌蚪，最终收获了一个非常有趣的蛙卵包裹体。在此之前我从未想过，像动物卵这样柔软和精细的结构，竟然能保存得如此完好。

台湾歌手陈升在散文《寂寞带我去散步》中打过一个比方："生命在这里，像凝住在果冻里的果粒。"他可能不会想到，这个比喻竟能精准恰当地描述一次科学发现。当我看到那个蛙卵包裹体时，顿时觉得陈升的这个比喻简直妙极了。

2019年10月11日，我的团队和英国伦敦大学学院的苏珊·E.埃文斯教授合作，在古生物学期刊《历史生物学》上发表了关于这个奇妙包裹体的研究成果，论述了极为罕见的两栖类卵。

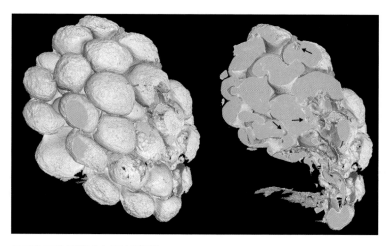

蛙卵的三维模型（白明 / 供图）

蛙卵琥珀（邢立达 / 摄影）

这件标本中保存了55颗球形和卵球形的卵，卵的平均直径约为1.2
毫米。每颗卵都由一个凝胶状的团块和一个深色的中心体组成，这可能
代表了原始的卵。从同步辐射的扫描数据看，这些柔软的卵形成了一个
紧密的三维集群，互相挤压扭曲了它们的形状。从形态上看，这些卵最
接近两栖类（如蛙类）的卵。现生无尾目的卵主要有5种模式：独立的
卵、三维排列（丛状和块状）、浮动卵、泡沫巢和线性排列。我们的标
本最接近于块状。在现生蛙类中，产生三维团块状卵的代表性类群是树
蛙，从化石证据看，在琥珀中留下蛙卵的动物暂且不能归类为树蛙，但
它很可能拥有与现生树蛙类似的生殖行为和生活方式。此外，现代的两
栖动物卵外包有2~3层透明胶状的保护膜，被称为卵胶膜或果冻体，这
种结构可以对卵起到保护作用，使卵维持正常渗透压，防止病菌侵入，
从而使卵达到最佳受精状态。

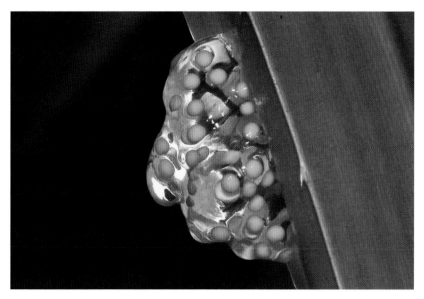

现生树蛙的卵团（菲利普·戴维森/摄影）

有趣的是，卵团包裹体表面有密集的纤维物质，最初我对这些絮状物百思不得其解。生物学者冉浩提醒我，它们的直径和可变长度符合真菌菌丝的特点。进一步的文献挖掘表明，真菌感染现象也会发生在现生两栖类的卵上，并有可能影响孵化率。

尽管产卵的动物与琥珀蛙共享一片栖息地，我们也命名过琥珀蛙，但蛙卵标本不一定就是琥珀蛙产下的。在古生态方面，这个卵团琥珀混合着碳化的植物碎片和昆虫粪便，加上它们均被树脂包裹，因此这些动物都与树木有着密切的关系，是陆地森林环境中的一分子。我希望这些发现能鼓励人们更加关注琥珀中卵团的收集和识别，只有标本数量不断地增多，我们对古生物的生殖情况才可能有更深入的了解。

第十八章

## 尴尬的触角和毛茸茸的壳

邢立达

恐龙手记

你喜欢蜗牛吗？喜欢大自然的孩子和成年人大都喜欢蜗牛。现在世界上有超过3万种淡水螺和陆生蜗牛，它们的贝壳是天然雕琢的珍宝，而且形状、大小、色泽、花纹、质感各不相同。有的种类还成为人们的食物或宠物，比如，大型陆生蜗牛——法国大灰蜗牛（*Helix pomatia*，又名罗马蜗牛）就被养殖来食用，并成为一道名菜——法国蜗牛。还有一种食物叫蜗牛子酱，又称蜗牛珍珠，它跟鲟鱼鱼子酱一样，被视为一种奢侈的美味。

在那篇关于两栖类卵的论文中，我和埃文斯教授还提到了另一种形态的卵，是由我的硕士生王董浩鉴定的。这也是一件奇怪的标本，由琥珀爱好者、德煦古生物研究所的客座研究员陈华榕提供，包含35颗卵，每颗卵的平均直径为0.8毫米。与两栖类的卵相似，这个标本也是一个

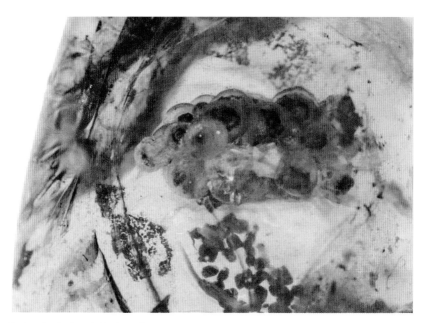

蜗牛卵标本（邢立达／摄影）

三维团块，卵的凝胶体中心部分为黑色。不过，这些卵相对坚硬，保持了圆形的形状，而且大多数卵的中心体都有一个对称或不对称的同心纹层结构。这个标本被我和王董浩归为腹足类（如蜗牛或蛞蝓）的卵。

腹足纲是动物中仅次于昆虫纲的第二大纲，包括常见的蜗牛、海螺和蛞蝓。这类动物有着显著且发达的头部，腹面有肥厚的阔足，其中大多数还有螺旋卷曲的外壳。

腹足纲动物的化石记录十分悠久，最远可追溯到大约5亿年前的晚寒武世。不过关于这一点学界还存在一些争议，不少学者认为它们严格来说还不能算蜗牛。直到大约4.1亿年前的奥陶纪，第一个腹足纲冠群成员才出现，它们存在于各种水生环境中。最古老的淡水和陆生腹足类化石发现于欧洲，属于石炭纪，距今约3.59亿年。这些小家伙背着沉重的壳，成为当时软体动物中唯一征服陆地的类群。在中生代，腹足类已非常常见，它们的壳通常保存得很好，是一类重要的化石，常发现于河湖相和海相沉积物中。在新生代，腹足类的数量和多样性显著增加，很多物种都与今日别无二致。

虽然腹足纲这种无脊椎动物并非我们团队的主要研究方向，但一些特异保存的现象仍然引起了我们的注意。特异保存化石库指化石的保存状态特别好，一般生物的细微构造和软组织都能保存下来。琥珀正是这种特异保存的介质之一，世界各地的琥珀都以特异保存各种软组织而著名，比如羽毛的羽小枝、小鸟的外耳孔、眼睑等细节。此外，琥珀还可以保存昆虫的眼睛、生殖器，乃至立体的蠕虫和真菌，而这些通常是古生物学家无法从其他化石记录中获得的重要信息。

2016年，我在检视琥珀收藏家刘岩的收藏时，意外发现了一枚特别的蜗牛琥珀，其中包裹着两只蜗牛。令人称奇的是，其中一只蜗牛头部的一对触角被保存下来，触角底部的小黑点是残留的眼睛，其足部也得以保存，上面有一个奇特的盘状特征，那很可能是被树脂和一些组织覆盖的厣（腹足纲着生于后足上面的板状结构，软体部分缩入贝壳后以此堵封壳口）。

在琥珀中看到蜗牛的眼睛是一件相当奇妙的事情！观察这枚琥珀时，我知道自己正在看着人类已发现的最古老的蜗牛，而它似乎也在"看"着我。传统的蜗牛化石很少有能将软组织保存下来的，身体和触角都伸展开的则更少。蜗牛的眼睛位于身体前端的头部——触角基部或触角上。蜗牛的触角可以感知环境和空气湿度的变化，探测运动路线，而且非常敏感，稍有惊动就会收缩。蜗牛的眼睛与人眼相似，也是由角膜、晶体、视网膜与神经组成的，能感觉到光和影的变动。通常情况

刘岩收藏的蜗牛琥珀，后被推断为山蜗牛超科标本（邢立达 / 摄影）

下，拥有一对触角的蜗牛（如山蜗牛）的眼睛位于触角基部；而拥有两对触角的蜗牛（如非洲大蜗牛）的眼睛则位于大触角上。我们在这次的琥珀标本上看到了一对触角，触角基部的小黑点正是它的眼睛，这是我们首次在琥珀中发现具有如此丰富软组织的蜗牛标本。

在此之前，保存有软体部分的腹足动物化石记录非常少见。英国发现了保存有软体组织的志留纪海生腹足动物，它们的软体部分被保存在立体方解石中，而这些方解石则填充在火山灰结核中。琥珀中腹足动物的软体记录包括波罗的海琥珀中有触角的始新世蜗牛，多米尼加琥珀中的中新世树螺科（Helicinidae）蜗牛也有一些软组织。缅珀蜗牛则是目前发现的第一只始新世（古近纪）之前、保存有软体部分的陆生蜗牛。

我们与腹足类专家、澳大利亚莫纳什大学的杰弗里·史迪威等学者合作，于2018年10月12日在专业学术刊物《白垩纪研究》上发表了关于这枚琥珀的论文，它是世界上发现的第一枚保存了触角等软组织的白垩纪蜗牛琥珀。

从形态学看，这次发现的蜗牛琥珀标本的壳体形状、生长线、螺层数、缝合线、斜孔径、脐孔、唇等特征，均与山蜗牛超科（Cyclophoroidea）的特征一致。史迪威据此初步判定这件新标本属于该超科的早期成员，有可能属于山蜗牛科（Cyclophoridae）或其他类群。山蜗牛超科有着广泛的地质记录，其化石记录可以追溯到晚侏罗世，其现生类群也很常见。不过，这件标本只有3~3.5个螺层，史迪威由此推断它是幼年个体，而这会给鉴定带来不确定性，比如它也可能属于与山蜗牛科有着相似形态的物种。

那么，这只蜗牛是如何被树脂包裹住并形成琥珀的呢？这要从树脂说起，树脂通常聚集在树内外的空隙或创口处，要么从树枝上滴落，要么沿着树皮向下流。树脂简直就是小型无脊椎动物的诱捕器，而且整个过程非常迅速。目前学者在琥珀中发现了节肢动物的交配、产卵、孵化、进食等各种共生关系，这些都表明动物是被树脂迅速裹住的。而蜗牛的防御方式是在受到威胁时缩回壳里，所以，当被树脂"捕获"时，绝大多数蜗牛都会选择缩回壳里。

我们可以复原这只蜗牛琥珀的形成过程。一只蜗牛伸出它的触角正在往前爬，溢出的树脂先包裹了蜗牛的壳体，阻止了蜗牛的柔软部分缩回壳里。蜗牛试图从树脂中挣脱出来，但它的足部和触角很快就被继续溢出的树脂裹住了，随后蜗牛体内的气体和液体被挤出到树脂中，形成尸蜡泡，部分挡住了它的头部和足部。历经沧海桑田，树脂最终变成了琥珀。

一年后的2019年10月12日，我与德国吉森尤斯图斯–李比希大学的托马斯·诺伊鲍尔博士、瑞士伯尔尼自然史博物馆的艾德丽安·约胡姆研究员共同研究了另一件奇特的蜗牛标本。它是在琥珀中首次发现的保存了角质毛的陆生蜗牛，对我们理解白垩纪蜗牛的多样性以及蜗牛与被子植物的协同演化具有重要意义。相关论文发表在国际知名学术刊物、爱思唯尔出版集团旗下杂志 iScience 上。

这枚蜗牛琥珀的直径约为6.6毫米，高约2.2毫米，显微CT仪器为如此小的标本提供了详细的三维解剖结构。通过对CT数据的重建、分割和融合，我们最终得到了标本的无损高清3D形态。蜗牛壳表面覆盖着密集的角质毛，而且螺层侧缘上部和顶侧有显著的螺纹，因为这些特征有别于已知的腹足类，所以我们定义了新的属名与种名，毛环口螺（*Hirsuticyclus*）与琥珀毛环口螺（*H. electrum*）。在分类上，琥珀毛环口螺属于环口螺科，该科包括一些较为古老的陆栖种类，它们一般喜欢生活在温暖、阴暗、潮湿、多腐殖质的环境中。

　　大多数腹足类物种都有一个螺旋形壳，遇到危险时会将柔软的身体缩进壳里。部分腹足类的壳体上有一层角质毛，我们认为这些毛可能是一种避免被掠食的防御措施，也可能是为了增加水的附着力从而使移动更方便，还有可能是为了提高壳体表面的附着力。而且，这种特征在湿螺科（Hygromiidae）、大蜗牛科（Helicidae）、圈螺科（Plectopylidae）、坚齿螺科（Camaenidae）、多圆螺科（Polygyridae）等门类中都反复出现过，表明该特征已经独立演化出现多次。因此我们的推论是，毛结构是一种祖征，在演化史上已多次丧失，这可能与大环境从潮湿到干旱的反复转变有关。

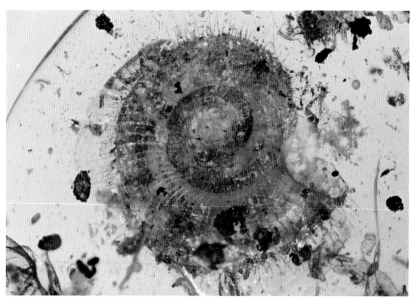

琥珀毛环口螺标本（邢立达／摄影）

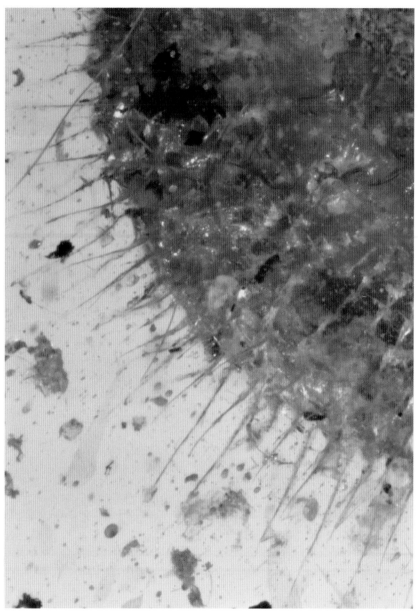

琥珀毛环口螺标本的毛的特写（邢立达 / 摄影）

琥珀毛环口螺复原图（刘毅／绘图）

此前，古生物学家从未在化石记录中找到这些毛茸茸的蜗牛，并由此认为这些极为精致的结构可能无法以传统化石的形式保存下来，但琥珀的出现完美地解决了这个问题，我们终于有机会研究化石记录中的毛蜗牛了。琥珀毛环口螺就是琥珀这种特异保存介质赠予我们的神奇礼物，它是当时腹足类化石记录中保存有毛状结构的唯一记录，也是最古老的记录。

　　琥珀毛环口螺表面覆盖着角质毛，科学家认为这是蜗牛对热带森林环境的适应性演化，在潮湿环境中觅食时有助于增加自身对植物的附着力，还可能具备收集和运输植物种子的功能。这种性状的出现，与蜗牛的主要食物——被子植物的全球性辐射演化有密切的关系，蜗牛可能更喜欢以柔软的被子植物而不是坚硬的针叶树针为食。科学家推断，琥珀毛环口螺逐步适应了白垩纪中期以被子植物为主导的生态环境，它的壳体上的毛既可以起到让掠食者望而却步的作用，又有助于它们更好地附着在被子植物的叶子上，减小意外掉落的风险，节约重新爬回高处的能量消耗。万一跌落到地面上，毛结构也可以减小冲击力对壳体造成的潜在损害。此外，厚厚的一层毛还可以起到隔热作用。

　　更有趣的是，现生蜜蜂会无意地通过周身绒毛将花粉从一朵花传播至另一朵花，琥珀毛环口螺的角质毛可能也有类似的作用。在白垩纪中期，被子植物种子的平均体积很小，往往不到1立方毫米。一些种子可能会附着在琥珀毛环口螺的毛上，并随着它的运动传播到其他地方。也就是说，被子植物的扩散可能触发了蜗牛的适应性演化，提升了白垩纪陆生蜗牛的多样性；反过来，蜗牛的演化也在某种程度上加快了被子植物的扩散。

# 后记

## 再 给 我 一 颗 时 光 胶 囊

通过前文的梳理，你会发现，缅北琥珀矿区已经屡立奇功，为古生物学研究提供了多件重要的标本。

目前我课题组大部分的琥珀化石，都是我在读博期间（2012—2016）靠自己的力量搜集的。当时，我几乎是竭尽全力来保全这些自然界珍贵的遗产，并在做好主课题的同时尽力研究。到了2016年，我们发表了在缅甸琥珀中找到的两个古鸟类翅膀——天使之翼和罗斯，以及一个被我们称为伊娃的非鸟恐龙尾部，这是世人首次看到如此鲜活的恐龙时代的动物。与此同时，其他科研团队也取得了不凡的成果，比如缅甸琥珀保存了世界上已知最古老的蘑菇，而且种类多样；琥珀中的原始蚂蚁成为研究蚂蚁社会行为起源与演化的一大依据……

我们团队至今已收藏了数百件脊椎动物琥珀标本和数千件无脊椎动物琥珀标本，除了古鸟类和非鸟恐龙的肢体之外，还包括各种各样的古鸟类羽毛或恐龙羽毛、蜥蜴、蟑螂、青蛙，以及极难以化石形式保存的蛇类。这些标本中包含的白垩纪世界的细节信息异常丰富。事实上，我们的研究工作才刚刚开始，大量的化石材料尚未发表。我经常看着这些琥珀发呆，想象着如果回到1亿年前，它们的生活该是怎样一番景象。

白垩纪中期是地球历史上地质变化最剧烈的时期之一，联合古大陆进一步分离和破碎化，各地都发生了强烈的海底扩张和频繁的火山活动。此时的缅甸北部地区濒临一片古海洋，生长着一片繁茂的森林，里面松柏类大树参天，蕨类、苔藓和被子植物则在低处繁衍。比龙所在的世界一片喧闹，蚊、蝇、蜂、蚂蚁、甲虫等昆虫多种多样，蜘蛛、蝎子、蜈蚣、马陆等节肢动物四处爬动、访花、进食、争斗，大大小小的蜥蜴和青蛙吞食着虫儿，反鸟类和小恐龙则在林间穿梭，它们找准目标，快速出击，然后大快朵颐……

所有这一切，都被时不时滴落的树脂悄悄地凝固，小家伙们被包裹在黄灿灿的琥珀中做着时光的美梦，经过沧海桑田，在1亿年后被有缘人偶然发现，最后变成美丽的珠宝或重要的研究标本。这些琥珀带着我们穿越时光，打开白垩纪世界之窗的一道缝隙，让我们一窥1亿年前恐龙时代的峥嵘。

我希望，这种美妙而幸运的邂逅越多越好。

邢立达

2020 年 2 月于北京